首因效应：
好的开始是成功的一半

海松◎主编

黑龙江美术出版社

图书在版编目（CIP）数据

首因效应：好的开始是成功的一半 / 海松主编 . —
哈尔滨：黑龙江美术出版社，2019.5

ISBN 978-7-5593-4941-5

Ⅰ . ①首… Ⅱ . ①海… Ⅲ . ①成功心理–通俗读物
Ⅳ . ① B848.4-49

中国版本图书馆 CIP 数据核字（2019）第 090404 号

书　　名 / 首因效应：好的开始是成功的一半
SHOUYIN XIAOYING HAO DE KAISHI SHI CHENGGONG DE YI BAN
主　　编 / 海　松
责任编辑 / 李文博
出版发行 / 黑龙江美术出版社
地　　址 / 哈尔滨市道里区安定街 225 号
邮政编码 / 150016
发行电话 /（0451）84270524
网　　址 / www.hljmscbs.com
经　　销 / 全国新华书店
印　　刷 / 永清县晔盛亚胶印有限公司
开　　本 / 880mm × 1168mm　　1 / 32
印　　张 / 7
版　　次 / 2019 年 6 月第 1 版
印　　次 / 2019 年 6 月第 1 次印刷
书　　号 / ISBN 978-7-5593-4941-5
定　　价 / 32.80 元

前　言

人们常说“第一次见面一定要注意形象，争取给对方留下一个好印象”。从这句话中，我们可以清楚的看出，第一印象至关重要，一个良好的第一印象往往可以决定事情的最后结果。

交往双方形成的第一次印象对今后交往关系的影响，也即是“先入为主”带来的效果，也就是首因定律。首因定律告诉我们，虽然这些第一印象并非总是正确的，但却是最鲜明、最牢固的，并且决定着以后双方交往的进程。

在日常人际交往过程中，我们要注意首因效应的六种表现方式：真诚地对别人感兴趣；微笑；多提别人的名字；做一个耐心的倾听者，鼓励别人谈他们自己；谈符合别人兴趣的话题；以真诚的方式让别人感到他自己很重要。

在人际交往过程中，首因定律有着很重要的作用。任何一个重视首因定律的人，在日常人际交往过程中往往都可以在最短的时间内获取对方发自内心的好感，在沟通过程中取得事半功倍的效果。

熟练掌握并运用首因效应，能够帮助我们在日常人际交往过程中从容地“先入为主”获取对方的好感，成功在对方头脑中形成并占据着主导地位，并且最终在沟通中获取成功。

目　录

第三章　投其所好，找到共同之处

第四章　左右逢源，快速拉近关系

第五章　妙巧寒暄，扣开对方心扉

第六章 善用提问,洞察真实意图

第七章 真诚赞美,不吝溢美之词

第八章 懂得幽默,乐于分享快乐

第九章　完善自己，培养良好人脉

第一章

初次见面，决定日后走向

如何让首因效应为我所用

“首因效应”作为一个心理学概念，最先由美国的心理学家洛钦斯提出。人们在交往时，往往会有“先入为主”的印象，也即彼此间所产生的第一次印象给日后的交往带来影响，这就是我们所说的“首因效应”。虽然第一印象并不是总能给人们带来正确的判断，但它给人留下的印象却是最鲜明、最牢固的，也决定着双方以后的交往。

洛钦斯为了证明首因效应的存在，曾经做过一个对比实验。他描写了一个叫作詹姆的学生，将他生活中的两个片段进行不同的排列组合，共组成了四个故事。

第一个片段为：詹姆出门去文具店，路上洒满阳光，他和两个朋友一边走一边晒着太阳。走进文具店后，詹姆发现店里挤满了人。他一边等着店员注意到他，一边和熟人聊天。买完文具后，他在出门时遇到熟人，便停下脚步，和熟人打招呼。与朋友告别后，他走向学校，途中又遇到前天晚上刚认识的女孩。和女孩说了几句话后，詹姆便和她告别了。

第二个片段为：放学后，詹姆独自离开教室，走出校门。阳光十分耀眼，詹姆走在马路阴凉的一侧，发现前天晚上遇到的那个漂亮女孩迎面走来。他穿过马路，走进一家饮食店。在人头攒动的店里，他发现几个熟人。詹姆安静地等待着，直到引起服务员的注意，他才买了一份饮料。然后，他找了一张靠墙边的桌子，坐下喝饮料。饮料喝完之后，他便回家去了。

针对这两个片段，洛钦斯对其进行了排列组合。在第一份资料中，他先将表现詹姆外向热情的故事放在前面，表现其内向冷淡的故事放在后面；第二份资料中，他则将表现詹姆内向冷淡的故事放在前面，表现其外向热情的故事放在后面；在第三份资料中，他只选取了表现詹姆外向热情的故事；在第四份资料中，他则只选取了表现詹姆内向冷淡的故事。

然后，洛钦斯将这四份资料分别给了四组中学生看，这四组中学生的阅读能力大致相同，并无太大出入。阅读后，洛钦斯请这四组人对詹姆的性格进行评价。结果显示，第一组被试者中，有 78% 的人认为詹姆是个比较外向且热情的人；第二组被试者中，仅有 18% 的人认为詹姆比较外向；在第三组被试者中，高达 95% 的人认为詹姆外向热情；而第四组被试者中，仅有 3% 的人认为詹姆性格外向。

通过这个实验，我们可以看出人际交往中第一印象对于人们认知的影响。从詹姆的两个生活片段中，我们可以看出他的性格并不能简单地概括为外向或内向。事实上，生活中的很多人，性格都具有多面性，不可一概而论。但是，往往因为首因效应的影响，我们会对初次见面的人产生第一印象，而这个第一印象，也在相当程度上影响着我们对日后是否与对方继续深交的判断。

心理学家通过研究发现，人们在初次交往的过程中，往往在45秒内就能产生第一印象。这个第一印象，主要来自对方给予我们的性别、年龄、长相、表情、姿态、身材、衣着打扮等方面的印象。我们常常会通过上述各个方面，去评判对方的内在素养和个性特质。而我们常说的“给人留一个好印象”，即是运用好首因效应，为以后的交流打下良好基础。那么，在实际生活中，我们又该注意哪些方面，使得自己在别人的心中建立起良好的第一印象呢？

1.“SOLER”模式

“SOLER”是由心理学家艾根提出的，这是一个由五个英文单词的开头字母拼写起来的专业术语。其中，S指站姿或坐姿要面对别人；O指姿势要自然开放；L指身体微微前倾；E指与别人目光接触；R指放松自己。通过“SOLER”模式，可以表现出“我十分尊重你，对你很感兴趣，我的内心接纳你，请随意”的意思。

2.“卡耐基六法”

卡耐基在其著作中，总结出六条给人留下良好印象的途径，分别为：真诚地对别人感兴趣；微笑；多提别人的名字；做一个耐心的倾听者，鼓励别人谈他们自己；谈符合别人兴趣的话题；

以真诚的方式让别人感到自己很重要。

3. 良好的修饰自己

以上所说的所有方法，都离不开我们自身的外在表现与内在素养。在与他人的日常交往中，想要给初次见面的人留下一个美好的印象，我们首先要做到注重自己的仪表风度。通常情况下，人们对于衣着干净整齐、大方得体的人更会抱有好感。其次，言谈举止也是我们必须修炼的课题。一个风趣幽默、举止优雅的人，往往能够给人留下深刻且美好的印象。而这一切，都需要我们有过硬的自身素质。

通过上述方法，我们便可以在日常的活动中主动利用首因效应，向他人展示自己最好的一面。只要运用得当，首因效应可以很好地为我们的工作和生活服务，帮助我们顺利地进行人际交往，并为以后的交流与合作奠定坚实的基础。

不得不防的容貌定律

很多时候，我们对于初次见面的他人印象的好坏，容易受到对方容貌美丑的影响。这并不是一种罕见的“症状”，许多心理学家已经通过大量的心理实验证明了人类这一心理特征的存在。通常情况下，人们对容貌俊美的人更易产生好感，认为他们更可靠，更聪明，更容易对其产生信任。但是，古语云：“人不可貌相，海水不可斗量。”我们若总是以貌取人，固然有时可以交到养眼而又贴心的朋友，但更多时候，会犯下令人惋惜的错误。

“以貌取人”这个成语，出自《史记·仲尼弟子列传》：“孔子闻之曰：‘吾以言取人，失之宰予；以貌取人，失之子羽。’”原来孔子也犯过以貌取人的错，这是怎么回事呢？事情大致是这样的：传说中，孔门有弟子三千，七十二贤。在这些弟子当中，有个叫宰予的人口才十分好，能言善辩。在最初之时，孔子因为宰予的口才而十分看重他，但后来，宰予便渐渐露出了他本来的面目。他又懒又没有德行，毫无仁爱之心。他白天也不去读书听讲，而是躺在床上睡觉，气得孔子直骂他是“朽木不可雕”。孔子还有一个弟子，叫作澹台灭明，字子羽。他是鲁国人，比孔子小 39 岁。澹台灭明长得非常丑陋，体态也令人难以入目，他想要跟随孔子学习、侍奉，但孔子根据他的相貌，断定他资质愚钝、难成大器。子羽从师学习后，致力于修身实践，他不走邪路，处事光明正大；如果没有公事，决不去会见公卿大夫。后来，当子羽游历到长江时，跟随他的弟子已经有了三百余人，他也有了很高的声誉，名字被大江南北的人传颂着。听说了这件事后，孔子不由得感叹道：“我只根据言辞能力来判断人的品质能力，结果判断错了宰予这个人；我只根据相貌体态来判断人的品质能力，结果又判断错了子羽这个人。”

连圣贤孔夫子都会犯下以貌取人的错误，更何况我们呢！虽然我们口中常念叨着“人不可貌相”，心中也深知以貌取人是不对的，但很多时候，我们依旧会在第一时间被那些“花样美颜”给“俘虏”，在第一眼看到那些俊男美女时，便从心底给他们亮出高分，忘了以更客观的角度去判断对方的内在素养。

“以貌取人”这一心理特征，有着一定的普遍性。虽然我们深知它会时常影响我们的判断，也经常告诫自己要小心那些“绣花枕头”“美女蛇蝎”，但不经意间，我们还是会乖乖地被它牵着鼻子走，忘却初衷。不可否认的是，初次见面以及短期交往的双方，彼此的印象中外貌占了相当的比例。然而，天生的容貌是很难改变的，我们又该怎么做，才能在不受外貌影响的同时，又给人留下好印象呢？

1. 会见他人之前，先收拾好自己

有个成语叫作“五十步笑百步”，现实生活中有些人，自己不修边幅、举止粗俗，却还嫌弃别人相貌丑陋、言行不堪，这种做法无疑是不可取的。相貌是天生的，难以改变，可是，我们可以通过后天的努力来弥补一些缺憾，如一套合适的衣服，一个合适的发型，一种合适的妆容，一份得体的谈吐，都能为我们起到一定的修饰作用，让我们少一些不足，多一些美好。而对自己仪表的正确重视，也是对别人的一种尊重。

2. 保持微笑，为下次见面留有余地

我们说以貌取人不可取，一方面是因为这种做法可能让我们错将一些人过分地理想化，而付出不必要的心血，甚至因此吃亏上当，当今社会一些人靠着脸蛋骗财骗色的例子比比皆是；另一方面也是因为这种做法可能让我们失去一些可贵的良师益友，谁又知道那些平淡无奇的外表下，没有藏着一颗玲珑的心呢？因此，不管初次见面或是短期交往的对象的相貌如何，我们都要做到和蔼可亲，以温暖的微笑让对方感受到你的诚意，也让自己有进一步观察对方的机会。

3. 路遥知马力，日久见人心

我们在初次见面或是短期的交往中，对于对方很大一部分印象确实来自他的外貌举止，但从长远来看，一旦双方继续交往下去，那么内在的吸引力将力压相貌带给我们的冲击。有相关实验表明，随着交往的加深，我们对于他人的印象，将越来越受到其

内在素养的影响，而不再取决于其容貌。这个时候，我们也就能够更加清楚地看到对方真实的内心，以及他们的个性品质。此时我们要做的，就是择其善者而友之，知其恶者而远之。

总的来说，每个人都有着自己的生活经历和阅人经验，“以貌取人”的做法，有着其存在的必然性，也有其必须要注意的地方。俊美的外表固然给我们赏心悦目的感受，让我们有“一见倾心”的感觉，但无论是生活中还是工作中，我们都应做到以心取人，以信取人。要做到这一点，需要我们付出耐心，不断努力。

坦率定律在社交中的作用

在人际交往中，我们想要建立起和谐美好的人际关系，需要付出很多努力。其中，坦率对待他人，是十分重要的一点。虽然人们都喜欢受到别人的赞美，大部分人也都需要别人的赞美和肯定来满足心理层面的需求，但是，过分的或是言不由衷的赞美和肯定，反而会让人觉得虚伪，让人对“溜须拍马”之人产生反感。很多时候，人们更愿意和言语真诚、态度坦率的人交往，因为跟这种人在一起，人们可以放松戒备，享受轻松愉悦的交流。

又逢毕业季，王经理手下来了一个初出茅庐的大学生李碧娟。李碧娟上班的第一天，就在王经理的带领下来到同事们面前作自我介绍，李碧娟得体的表现，加上她青春靓丽的风采，让大家从心眼里喜欢上这个姑娘。此后，无论是工作中还是生活中，大家都愿意帮这个姑娘一把。而她自己也很下功夫，业绩上不仅没有拖部门的后腿，而且经常能登上先进榜。这样一来，不仅大家更愿意和她合作，王经理也更加重视她。

没过多久，部门又来了一个小伙子，名叫钱凯。他个性内向，不愿与人多打交道，工作上出了问题，也只是自己在那里苦思冥想。不久，大家听说了一个小道消息：原来钱凯是董事长的侄子，因为不爱读书，连高中都没有毕业。此后，大家更加不待见钱凯，只是当面不敢表露而已。

几个月后，公司要和一家大的合作伙伴续签合同，董事长点名要钱凯经办此事。王经理知道钱凯许多业务尚不熟练，而大家也都不愿意和钱凯合作，生怕出了事背黑锅，只好派李碧娟去帮忙。李碧娟应承下差事后，立即查阅资料，然后拟定了新的条款。她将条款拿给钱凯看，钱凯也将自己做好的新条款递给了她。李碧娟一看，觉得钱凯的新合同对于合作伙伴来说十分苛刻。这时钱凯说话了："你一定觉得我的这个合同简直欺人太甚。你写的各方面都很好，只是有一条内部消息你不知道。对方最近出现资金周转问题，急需我们这笔货款。因此，只要报价不低于成本，他们一定会签字。我知道这些，是因为我和他家的'少爷'是发小，那小子喝多了嘴上就没把门的。"

后来，一切果然如钱凯所说，谈判虽然艰难，但最终还是以对方"缴械"告终，公司因此省下了一笔十分可观的费用。部门庆功宴上，王经理率领大家向李碧娟敬酒，说道："真是初生牛犊不怕虎，你的成绩，我会替你上报的。"李碧娟见钱凯只是笑着和众人一起向她敬酒，想了想，便说道："经理，这次的功劳都是钱凯的，我不能贪功。"然后，便将事实如实相告。众人听了，先是一愣，而后便一起向钱凯敬酒。

而李碧娟也并未因此失去大家的关爱，经过这件事，大家更信任她、尊重她，王经理也让她成了自己的助理，并一直委以重任。

从这个事例我们可以看出，坦率之人，更容易获得别人真心的尊重与喜爱。李碧娟若不做说明，占据钱凯的功劳，虽然钱凯不会点破，但世上没有不透风的墙，事情终有“真相大白”的那一天，到了那时候，大家还能像以前那样喜欢她、信任她吗？反之，她自己主动坦白一切，不仅赢得了钱凯的友谊，更赢得大家的尊重，使得自己的事业之路更加顺利、光明。

俗话说，心底无私天地宽，坦荡率真之人行走于世，总是比促狭自私之辈开阔平顺。“投我以木瓜，报之以琼琚”，当我们用坦率的态度对待别人时，别人也会放下内心的防备，报以我们真心。

1. 正视自己的缺点和错误

“金无足赤，人无完人”，每个人都或多或少地存在缺点，也不可能永远不犯错误。有些人拼尽全力隐藏自己的缺点，掩盖自己的错误，希望能在人们心中留下美好的印象，结果却总是事与愿违。其实，如果我们能坦诚地承认错误，不避讳自己的短处，人们反而会认为我们坦率可信，是个值得交往的朋友。

2. 肯定他人的优点和成绩

每个人身上都存在值得我们学习的优点，尤其是那些获得成功的人。面对别人的长处和成绩，如果我们只知一味忌妒或是想方设法地“窃取”胜利果实，不肯付出努力去追赶别人的脚步，那我们注定将失去和他们建立良好友谊的机会，更会离成功越来越远。因此，当别人的长处受到大家的肯定，别人的成绩获得大家的赞赏时，我们更应不吝赞美，衷心地敬佩他们、恭喜他们。这样，别人也会因为你真诚的祝贺而对你更加欣赏。

3. 以真诚动人，以坦率交人

作家哈吉曾经说过，“人与人之间，只有真诚相待，才是真正的朋友。”有些人机关算尽，人前虚伪做作，虽然在交际中赢得了一时的成功，但最终会被人识破，被人疏远。有些人率真坦诚，他们用真心对人，用坦率的态度与人相处，虽然有时不被理解，但最终赢得了大家的尊重和喜爱，并建立起自己广阔的交际圈。坦诚，是交际中最有力的“利器”，能够帮助我们刺破别人的防备，进入他们的内心。

人们往往更喜欢和坦率之人交往，因为坦率之人让人觉得如同一汪清泉，可以一眼见底，不至于深不可测，更给人一种清澈明亮的美感。而这种美感，在当今这个处处充满竞争和压力的社会，显得尤为珍贵。在人际交往中，如果我们封闭自己的内心，或是总爱在人前装腔作势，只会让别人对我们充满戒备，难以对我们给予信任。因此，让我们做回那个坦率的自己，在交际圈中尽情享受彼此坦诚带来的惬意吧！

走出晕轮效应的迷途

“晕轮效应”又称为“光环效应”，最先由美国心理学家 H.凯利提出。这是一个心理学范畴的概念，是指一个人的某种品质或者一个物品的某种特性给人以好的印象后，这种印象会影响到人们对他（它）其他方面特征的判断，人们会倾向于认为其他特征也是好的。成语“爱屋及乌”即是描绘这种心理。这种强烈知觉的品质或特点像月晕的光环一样四处弥漫扩散，因此人们便将这种心理效应称为“光环效应”。光环效应是一种影响人际知觉的因素，是指在人际知觉中形成的以偏概全或以点概面的主观印象。很多企业的商品喜欢找明星代言，就是利用了晕轮效应。

曾经有心理学家做过一个实验，论证了晕轮效应的存在。他找来两组学生，告诉他们这是一项对于评价老师的研究。两组学生分别观看了同一位老师拍的不同视频，相同的是，这位老师一直操着浓重的外国口音。第一组学生看到的视频中，这位老师态度和蔼，温和地回答了很多学生提出的问题。而第二组学生看到的视频中，这位老师则态度冷漠，以一种近乎冷酷的语气回答了相同的问题。很明显，第一个视频中的老师显得热心教学，关爱学生；第二个视频中的他则显得无心工作，懒于应付学生。

两组学生看完视频后，心理学家要求他们对于这位老师的外表、口音等方面给出评价。第一组学生大都认为这位老师和蔼可亲，外表很具有吸引力，甚至那浓重的外国口音也很有魅力。而第二组学生对于这位老师的评价，不言而喻。

通过这个实验我们可以看出，晕轮效应是确实存在的，并且有力地影响着人们的判断。但晕轮效应在本质上是一种以偏概全的认知偏误，不可否认，它也会给我们带来一些负面影响。

从心理学角度来说，晕轮效应的形成，与我们知觉的整体性有关。在知觉客观事物时，我们习惯于用经验来将不同属性、不同部分的对象有机结合为一个整体。如“管中窥豹”，说的便是这种情况。诚然，因为这种以点概面的影响，晕轮效应会使我们在认知事物时变得武断，也可能会使我们被初次见面或不熟之人误解。但凡事有弊必有利，如果我们掌握了晕轮效应的原理和特征，适当运用，便可以让晕轮效应为我所用。那么，我们又该怎样克服晕轮效应的弊端，利用它来为我们服务呢？

1. 打造良好“第一印象”

人们常常有“先入为主”的习惯，所以对于素不相识之人的第一印象会较为深刻，也就是我们前面所说的首因效应。而又因为晕轮效应的作用，所以我们在人际交往中给初识之人留下良好的第一印象就显得尤为重要，这将为彼此日后的相处打下坚实的基础。这就要求我们注意自己的仪容仪表、言谈举止。首次会面时，我们应自然、从容地展现自己的优点和长处，尽可能地利用晕轮效应为我们在别人心中打造出一个美好形象。

2. 警惕“投射倾向”

“投射倾向”是指将自己的某些心理特征附加给他人的现象。在这种心理的影响下，善良的人总是以好的一面去解释他人的行为，而猜疑心重的人常常以恶的角度去揣度他人的心思。也即是说，人们在反映别人的时候，经常不自觉地反映着自己。因此，我们在人际交往中，不仅要不断提醒自己在识人时勿受投射倾向的影响，也要考虑到别人在投射倾向的影响下如何看待自己。这就要求我们灵活机变，与不同的人交际，懂得采取不同的方法。

3. 不可死板教条

这里说的死板教条，就是将不同类型的人按照自己的想法“贴标签”，如商人就一定是“老奸巨猾”，男孩就一定是“调皮捣蛋”等。这种归类，很容易造成偏差。大千世界，每个人都是独立的个体，而每个人的性格都是多面性的，很难一概而论。反之，我们也不可以死板教条地认为自己的“类型”或是某个片刻的举止就一定会让别人为我们贴上恰当的标签。努力展现自己美好且多姿多彩的方面，凡事善始善终，才是社交之道。

4. 正视以貌取人

前面，我们已经讲过了以貌取人的不可取之处，但是在人际交往中，即使我们自己能够注意不去以貌取人，但无法阻止或改变他人的内心想法。为了使自己能够在人际交往中不受到以貌取人心理的负面影响，我们除了应认真修饰自身的仪表外，还应坦然接受别人的想法，并用自身的人格魅力，让对方主动敲碎他心中的“坚冰”。

晕轮效应就像一所迷宫，一旦人们迷失在其中，就很难走出来。初识的人或相交浅薄之人，因为彼此之间的陌生，所以人们在自己心中为对方“塑造”形象时，很容易受到晕轮效应的影响，处于一种有失偏颇的心理状态。晕轮效应是一把双刃剑，它可能让我们在别人心中更美好，也可能让别人认为我们十分糟糕。因此，我们只有掌握了晕轮效应的心理特点并合理利用，才能在人际交往中春风得意。

细节也能决定成败

我们在前文为大家介绍过，人们相交产生的第一印象，以最初 7 秒的感受最为强烈和持久；而这种记忆，甚至会在人的脑海中存留 7 年之久。大部分人往往容易以这 7 秒内产生的印象去判断对方。尽管人们可以通过日后的交流来继续加深彼此的了解，但前提是——我们留给他人的第一印象，至少要使他人愿意与我们做进一步真诚、有效的沟通。因此，在人际交往中给人留下良好的第一印象，就显得至关重要。第一印象的形成，来自方方面面，很多时候，一些不经意的细节，对我们与他人的初次交流会产生不可忽视的影响。

王帅大学毕业后，就来到了父亲王建国经营的机械工厂，开始逐步接手父亲的工作。当初在王帅考取大学、填报志愿时，为了他将来能够顺利接班，父母建议他填报与自家工厂实际生产有关的机械类专业。如今他大学毕业，来到工厂，可谓初生牛犊不怕虎，一心要做出成绩给父母看，也好让父母早点退休，安享晚年。

观察了一个月后，父亲对于王帅的专业技能大为赞赏；而对于他的社交能力，却频频摇头。母亲总是劝王帅多跟着父亲出去交际，边长见识边学习。王帅却不理那一套，认为产品的质量才是工厂屹立不倒的法宝。对此，父亲只能苦笑着劝母亲："随他吧，多摔几次跤就知道其中利害了。"

王氏工厂虽然规模不算很大，但因为产品质量过硬，依靠新老顾客的口口相传，所以销量一直不错。只是由于王建国不愿冒进，因此没有大刀阔斧地扩建。这一次，一家外国企业向工厂投来了橄榄枝，有意签署长期合作合同。王帅听了十分兴奋，并有意以这单生意为突破口，开始筹划心目中的大格局。

这天，外方派出一名女代表和一名翻译来到工厂，想与工厂负责人进行初步的磋商，王建国刚巧临时有事外出，便通知王帅先来接待。王帅接到通知时，正在厂房里一身油污地检查设备。眼看着就还剩两台机器没检查，他正干得起劲，便让经理先顶着，说自己一会儿就到。20 分钟后，他终于忙完了手中的活，也顾不上换衣服，直接冲到了接待室。见到对方，他不等翻译介绍完，就把涂满机油的手在工装裤上抹了两把，然后两手抓起外方女代表的手，用力地握着，边握边表达自己对其深深的歉意和热切的期盼。

女代表干咳一声，轻轻抽出了自己的手。落座后，双方又相互寒暄了几句，女代表便示意进入主题。王帅虽对这个项目十分重视，但他重视的是相关产品的生产和质检，关于具体的合作事宜，他并没有过问多少。而这种谈判、交际的场合，也是他最不喜欢、最不擅长的。他如坐针毡地陪笑着、应付着，和女代表驴唇不对马嘴地扯了半天。这时，经理过来对他耳语一番，让他再坚持一会儿，告诉他老板马上就回来了。

听到这个，王帅顿时如释重负，他对女代表说："具体的合同事项并不归我负责，因为家父外出，所以我这也是临时救场。二位稍等，家父已经在回来的路上，最多10分钟就能赶到。厂房那边出了点问题，我得去看看，失陪了。"说完，便扔下面面相觑的代表和翻译，径自回到厂房。

然而，待王建国匆匆赶到接待室时，屋里只剩下两杯半冷的茶水了。

王帅的一系列言行，可谓初次见面乃至整个社交中的大忌。他污秽的衣服和双手，让女代表感到他对这次会晤的不重视；他随性的握手，显示了他在社交礼仪上的无知；他中断谈话、自顾自地离去，更是体现了他对女代表不够尊重。试问，这样一次会面，怎能让女代表再有耐心与之继续合作呢？

我们常说"细节决定成败"，每一件惊天动地的伟业，都是由零星散碎的小细节积累而成的。同样，在人际交往中，细节也会在很多时候决定着我们的成败。有人说"成大事者不拘小节"，但这里的"小节"，是没有必要过分在意的旁枝末节，是为了大局能够割舍的小处，而不是不能忽视、对全局产生影响的细节。社会交际中，细节往往能够给我们带来意料不到的影响。这影响是好是坏，在于我们自己的认知和把握。

那么，在与他人的初次交往中，我们该从哪些细节入手，以给对方留下一个良好的印象呢？

1. 注意仪态

有调查显示，在第一印象中，外表占 50% 以上的比例，声音占 40%，言语举止则占剩下的不足 10% 的比例。在外表这一项里，不单指容貌，还包括了气质、体态、神情、衣着等；而声音这一项里，不单指音色，还包括了音调、语速、语气、节奏等；这些细节，都会直接影响第一印象的形成。如果说容貌和音色是天生的，那么其余的部分，则是我们可以通过后天的努力改变的。这就需要我们在精心打扮、装饰自己的时候，更要注意内在的修为。只有内外兼修，才能在举手投足之间，处处迸发出迷人的光彩。

2. 准时赴约

无论彼此是否初次见面，准时赴约都是一个人应该具备的基本礼貌和涵养。在第一次见面时，准时赴约的重要性则尤为突出。一个连初次之约都不能准时到达的人，谁又会相信他懂得尊重人、理解人、体贴人呢？一个没有时间概念的人，谁又会相信他对自己和他人的事业、生活乃至人生的态度是严谨、端正的呢？

3. 学会握手

现代社会，握手是一项最基本的礼节，也有着不少规矩。如初次见面的，相互介绍完后轻轻握一下即可；下级对上级、晚辈对长辈握手时应稍欠身；男士握女士手时，应只握女士手指部分；握手的先后顺序为对主人、长辈、上级、女士先伸手，客人、晚辈、下级、男士等对方伸手再握等，这些事项，都需要我们牢牢记住。

4. 告别有方

一个优质的告别，往往能给人留下深刻的印象，有时甚至能起到“妙手回春”的作用。再优雅的谈吐，也可能因为临别的不当言行而被毁之一炬；枯燥乏味的会谈，也可能由于告别时的一丝情调而让与会者改变最初的感观。因此，在与人初次见面时，我们必须有始有终，切忌虎头蛇尾。

以上大致为初次见面时需要着重注意的一些细节。人际交往中，具体细节还有很多，凡此种种，不在这里一一列举。社会交际本就是一门学问，它需要我们在不断的学习中展开实践，在众多的实践中继续学习，用自己的亲身体会，去更好地掌握各种社交手腕和技巧。

第二章

尊重对方，满足心理需求

维护对方的自尊是交际的基础

自尊，又叫“自尊心”“自尊感”，是每一个个体基于自我评价而产生形成的一种自重、自爱、自我尊重，并要求受到他人、集体和社会尊重的情感体验。从心理学的角度来说，自尊是人格自我调节结构心理成分。自尊介于虚荣和自卑之间，过分自尊则是虚荣，而自尊心若过弱，则变成自卑。每个人都有自尊，也需要得到别人的尊重。在社会交往中，相互尊重，是愉快交流并保持交往的重要前提。

林肯是美国历史上最伟大的总统之一，在尊重他人方面，他曾受到过深深的教训。

青年时期的林肯住在印第安纳州鸽湾谷时，喜好对他人或事情评头论足，而且经常写信或诗去讽刺他人。为了让被讽刺的人捡到这些信，他常常将这些信扔在乡间的路上。直到他到了伊利诺伊州春田镇当见习律师时，还是没有改掉这个不尊重人的坏习惯。

这天，他写了一封匿名的讽刺信发表在报纸上，这封信的矛头对准一位自视甚高的政客詹姆士·席尔斯，这封信导致席尔斯成了全镇的笑料。愤怒的席尔斯查出信的作者后，立刻找到林肯，对他下战书，要求和他决斗。林肯并不想决斗，但迫于形势，以及为了维护自己的荣誉，他只得接受这次挑战。为了准备决斗，他选择了骑兵的腰刀作为武器，并找到一位西点军校毕业的人，向其学习剑术。到了决斗的日期，林肯和席尔斯在密西西比河的河岸旁见面，准备一决生死。如果两人真的决斗到底，那么必然会有伤亡，好在有人及时阻止了他们，才避免了一场血案。

年轻的林肯经过这次惊心动魄的事件后，开始学会如何与人相处。从此以后，他不再写信讽刺人，也不再随意嘲笑别人，也就是从这个时候开始，他学会了尊重别人，学会了努力维护别人的自尊。

在美国南北战争期间，林肯任命的将军在战争中一次次战败，这不仅使林肯本人很失望，也使全国人民开始非议。他们不但臭骂那些将军，认为他们无能，还直接指责林肯，认为他不会用人。对此，林肯始终保持沉默，并没有斥责屡有败绩的将军，也没有在民众面前为自己申辩，他喜欢引用这样一句话：“你不评议他人，他人就不会评议你。”而对于挑起战争的南方人士，林肯的太太和林肯左右的官员都对其斥责不已，林肯则表示：无须责怪他们，如果我们自己遇到这种情况，恐怕会和他们一样。

从这个例子中，我们可以看到林肯先后两个时期的变化，以及他懂得维护他人自尊而带来的不同影响。年轻的他不懂得尊重他人，差点惹来杀身之祸。而懂得这一道理后，尤其是南北战争期间林肯的沉默，宣告了他对每一个人的尊重。

打败仗的将军、妄自评论的民众、破坏统一的南军，所有人的自尊，林肯都悉心地呵护着。将军们因此而受到鼓舞，民众因此而学会理解，最终，北方军队赢得了战争，美国民众在林肯的带领下，维护了国家的统一。由此我们也可以说，懂得维护他人自尊的人，更加容易获得他人的喜爱、事业的成功、生活的幸福。

社会生活中，每个人都希望受到他人、集体乃至社会的尊重，希望能够维持自己的尊严，不希望自尊被损害、被践踏。我们经常说，己所不欲，勿施于人；想要别人尊重自己，自己首先要尊重别人。

人际交往的前提是互相尊重，平等有礼。只有对方认为我们足够尊重他，不会对其自尊造成伤害，对方才会愿意与我们继续交往，愿意成为我们人脉网中的一员。那么，我们在社会交往中，又该如何做，才能让他人感受到其自尊受到了维护呢？

1. 礼貌用语不可少

人类的语言，在很大程度上传递着人类的情感。社会交际中，交往双方的交流，感情的发展，也大部分靠语言来完成。因此，合理使用礼貌用语，不仅体现你自身的素质，也体现出你对于他人的尊重程度。有些人在陌生人面前十分善于使用礼貌用语，但是在熟人面前却很少用到，认为彼此已经很“铁”，不需要再来这些“虚头巴脑”的。

殊不知，若一味地“避繁就简”，直来直往，熟人也可能重新变回陌生人。再亲近的人，双方关系的维护也是以相互尊重为基础的，而礼貌用语，则是让人感受到尊重的基础。

2. 客观中肯的赞美

维护他人自尊，很重要的一点就是对于他人的肯定和赞美。人们的自尊，一定程度上来自于他人或社会对其自身价值的认可。当他人感受到我们对他的肯定和赞美时，无形中就会感到其自尊得到了维护和提升。

因此，人际交往中，我们不能过于吝惜赞美之声。此外，这里所说的赞美和肯定，必须建立在客观事实的基础上。如果不顾实际，甚至连实情都没有探明，就一味地吹捧、逢迎，则会弄巧成拙。

3. 不越雷池半步

无论彼此的关系亲近还是疏远，无论彼此间的情谊浓烈还是淡薄，我们在和他人相处时，最重要的一点就是不可触碰对方的“禁区”。每个人都有不愿示人的一面，每个人也都有不容他人染指的防区，面对这些禁忌，我们理解并尊重，主动绕道而行、绝不“越境”，是维护他人自尊的底线。

敬人者，人恒敬之。我们在交朋结友时，尊重他人是获得对方好感的重要基础。当别人在我们这里得到了尊重，感受到自尊的维护，他们会投桃报李，以同样甚至加倍的尊重来回报我们。一旦相互尊重的关系形成，那么，双方便会以一个良性循环的状态交往下去，为彼此的人脉添砖加瓦。

每个人都甩不掉的焦点效应

生活中，我们都有这样的体验：三五好友一起聊天时，每个人或早或晚都会将话题引到自己身上；看集体照片时，总是第一眼找到自己，然后注意自己在照片中的形象；学校篮球赛时，总有些男生喜欢炫球技，引来围观女生的一阵阵尖叫……其实，不论我们的现实处境如何，在大部分人的心中最真实的想法，是渴望成为焦点，渴望自己成为众人关注的对象。这种心理现象，被称为“焦点效应”。焦点效应也叫社会焦点效应，主要表现为人们过高估计周围的人对自己外表和行为的关注程度。

从实质上来说，焦点效应反映的是人们的一种心理需求——渴望被别人关注。不管有意无意，人们总是喜欢把自己看成是一切的中心，高估别人对自己的注意程度——至少不愿意自己被人低看一等。这种心理现象，其实是一种心理弱点，但不可否认的是，这种心理弱点是客观存在的，并且几乎存在于每一个人的心中。

这天，年轻的新手张亮和业务主管邓朝兴来到了新客户董总的办公室，由于是初次打交道，因此董总以一种十分客气的态度接待了他们。

张亮和邓朝兴坐下后，还不到半分钟，急于在主管面前表现自己业务能力的张亮便“火烧眉毛”似的开始介绍他们此次前来的目的。原来，他们是希望董总能够购买自己公司的新产品。张亮虽然还是个新人，但他的口才十分了得。只见他滔滔不绝，侃侃而谈，脸不红气不喘地讲了半小时之久，将本公司新产品的各种优点反复介绍了好几遍。他一心沉醉在自己出色的口才中，丝毫没有发觉董总几次欲言又止的表情。

终于，张亮结束了他的口若悬河，他眼中的自信似乎在宣告：这笔生意一定已经是板上钉钉。然而董总却面无表情，冷淡地回道：“小伙子有这等口才，想必前程似锦。至于订单，就先这样吧。我一会儿还有一个会议，就不陪了。合作的事，等我们公司开过会以后，有了具体的合作意向，再和二位联系吧——您二位觉得呢？”

听闻此言，张亮十分纳闷，明明已经“落听”的事，怎么突然就黄了呢？他不甘心，便想继续和董总谈谈。这时，主管邓朝兴暗暗踩住了他的脚，默默地摇了摇头，然后笑着对董总说：“好的，既然董总公务在身，我们就不打扰了。今天先告辞，改日再来叨扰。”

从董总的公司出来后走了很久，张亮仍是垂头丧气，不断长吁短叹，见此，邓朝兴笑着说：“怎么了，一次打击就受不了了？

小伙子，前方的道路还很坎坷，不能就此失去斗志啊！”说完，邓朝兴拍了拍张亮的肩膀说道：“知道你今天为什么会失去这单合同吗？因为你在和董总交流的过程中，太过强势，太霸道，只知道自己一口气说下去，一点不给对方表达的机会。我看到董总有好几次想说话，你都没有注意，只是自顾自地继续说。董总这家公司的规模你也是知道的，这么大的公司，老板得见过多少世面？能被你个初出茅庐的小子给唬住？再有，像这种身份的人，大多很高傲。他们不管在哪儿，都把自己当作绝对的主角，绝对的权威，人们关注的焦点都应该是他。你倒好，今天让他给你扮了半个小时的配角，他能不窝火吗？你折他面子，他给你单子，这可能吗？不过也没关系，这次吃了教训，下次注意就好，毕竟这次董总并没有把话说死。”

听了主管的这番话，张亮犹如醍醐灌顶，这才茅塞顿开。

张亮这次失败的经历，值得我们每个人借鉴。正是由于他的强势，他不懂得每个人心中的焦点效应，这才失去了一次签订合同的机会。虽然生活中不是每个人都像董总那样渴望并要求在任何场合都被人关注，但每个人都希望获得别人的重视，这一点是普遍存在的，不因个人的身份或经历有所改变。

在社会生活中，相信每个人都有过焦点效应的体验——无论焦点效应影响到的是我们自己，还是我们身边的其他人。每个人都想成为焦点，每个人都要获得他人的关注，这是一种“通病”，无关其他。那么，既然我们已知这种心理是客观且普遍存在的，那在社交中，我们又该注意哪些方面，以便焦点效应为我所用呢？

1. 尊重对方心中的焦点效应

相信在各种社交场合中，我们见过各种人，尤其是各种用尽办法想要成为焦点的人。对此，或许我们不解，或许我们不齿，更或许，我们在不解和不齿中，自己也在不经意间努力地博他人的眼球。几乎每个人都天生就想成为焦点，这是人类共有的心理弱点。对此，我们可以不解，但应尊重。而对于那些过分渴望成为焦点的人，我们大可一笑了之，不必对此耿耿于怀。

2. 懂得自我约束

每个人都渴望自己成为那颗最耀眼的明星，同理反推，每一个人，也都会或多或少地厌恶人群中那些“患了公主病”、必须享受众星捧月待遇的人。因此，我们应当推己及人，将心比心，适当控制自己成为焦点的欲望。要知道，过分高调，并不会给你的社交带来更多的好处。

3. 尽量顾及每一个焦点

在我们的人际圈中，相信存在各种性格的人，有的个性张扬，有的内敛羞涩。而在聚会等社交场合中，张扬的个性无疑会更引众人关注，内敛的个性往往在角落中孤芳自赏。然而，不论是张扬还是内敛，这些性格的主人，其内心都是渴望获得关注的。我们在人际交往中，应尽量顾及每一个人的感受，让每一个人都感觉到自己受到了重视，自己也是别人眼中的焦点。如此，对于我们发展人际关系，维持人脉和谐有着十分积极的作用。

了解并掌握，而后为我所用，是我们对于一件事物最理想的接收状态。关于焦点效应，我们就应该如此利用。在与人相处时，我们要理解并掌握每个人的焦点心理，让和我们交往的每一个人都感受到我们对其真切的重视和关注，时常让对方体验一下做焦点的滋味，如此，对方就会在不知不觉中，成为你人脉中忠实的一员。

作祟的虚荣心

在现实生活中，我们身边充斥着各种难以理解的事：有的人明明见识浅陋，却偏偏喜欢在人前夸夸其谈，最终被人拆穿，弄得彼此都很尴尬；有的人明明没有那个经济实力，却一定要购买各种自己用不到的奢侈品，因此欠债累累；有的人明明对电子类产品一窍不通，却一定要排队买苹果手机的新品，买来了也是接、打电话，其他功能白白浪费……其实，之所以出现这些情况，都是人们的虚荣心在作祟。

虚荣心是指人们对于虚荣的一种渴求心理，是人类的一种天性。弗洛伊德认为，人的虚荣心理在出生时就产生了，也就是说，每个人天生就有一种虚荣心理。从本质上来说，虚荣心是一种扭曲了的自尊心，换而言之，只要自尊心存在，那么无论什么人，或多或少都会有一些虚荣心。

李强是某个公司的业务员，主要负责公司新产品的推广。一次，他奉命来到一家大型企业，向这家企业推销公司的产品。

李强的业务能力很强，从他刚入公司开始，就展现出了不凡的实力，每次“出击”总是得胜而归。因此，李强对于这次合作，也有着十足的把握。然而，当他走进这家企业老板邵总的办公室时，迎接他的只有一张淡漠的脸。他说明来意以后，邵总的表情没有丝毫的改变，只是冷冷地说：“你们公司我知道，产品还行，但是价格方面……因此，我们公司并没有十分想要与贵公司合作的意向。而且，我们已经有了合作伙伴，他们的产品就性价比来说，我们十分满意。”

李强闻言，先是一愣，脑袋不由大了起来。他出门时，部门经理千叮咛万嘱咐，要他一定拿下这家企业，否则新产品的销售前景势必堪忧。他缓了缓神，赶忙说道：“邵总，我这次来拜访，不只是为了新产品的合同，此行还有其他目的。贵公司一直是行业中的翘楚，因此，不揣冒昧，我想讨教一点贵公司的经营理念。此外，您的大名，一直如雷贯耳。您白手起家，在这么短的时间内就能成为闻名全省的青年企业家，您对我来说，实在是特别想要学习的楷模。我想，如果您能对我这个年轻人不吝赐教，稍给一些指点，那一定能让我收益颇丰。所以，邵总，我贸然打扰，衷心地渴望您能抽出几分钟时间，给我讲一些您创业的故事。”

听完这些话，邵总冰冷的脸上有了温和之色，他笑着说：“过奖过奖，我哪有你说得那么厉害。小伙子，你这点很好，不像其他的年轻人那样浮躁，这种虚心上进的心态，一定能给你带来不少好处。至于我创业的故事嘛……”邵总清了清嗓子，热情地请李强坐下，还让秘书给他倒了杯茶，然后，就开始娓娓道来。

在倾听的过程中，李强十分认真，他不时点头以示赞同，邵总说到精彩处，李强还适时地鼓起了掌。就这样，两个小时很快过去了。当然，李强没有忘记此行的目的，他在邵总结尾后，以请教问题为由，顺势将话题引到自己身上，然后引出公司，进而提到了公司的新产品。又过了半个小时，当李强走出邵总的办公室时，他包里的合同，已经签上了邵总的大名。

在这个实例中，李强之所以能够扭转不利局面，最终赢得这份订单，得益于他的随机应变，以及他对邵总那番恰到好处的恭维。他的赞赏和夸奖，满足了邵总的虚荣心理，使得邵总的心情由冰窟回到了骄阳下，最终同意了合作。由此可见，在我们与人交往时，适当地赞美别人，让别人感受到你对他价值的肯定，会给双方的沟通带来良好的效果。

每个人都有虚荣心，这是不争的事实。即便是"跳出三界外，不在五行中"的得道高僧，若被人当面说是"秃驴"，恐怕也不会高兴。人人都需要获得别人的尊重和肯定。当一个人被他人奉承时，虚荣心便会得到极大的满足，这时，彼此间的交往会一帆风顺，少了很多芥蒂和隔膜。因此，在社会交际中，我们应该适当满足他人的虚荣心，为人际交往开启康庄大道。

想要适时适当地满足他人的虚荣心，我们不妨从下面几个方面入手。

1. 真诚地赞美

想要满足对方的虚荣心，基本是靠赞美来完成。我们在赞美对方时，首先应肯定对方的价值、表达自己的敬佩之情。但赞美并不是信口开河，任何赞美都要建立在事实的基础上。如果我们一味地海吹、胡吹对方，时间久了，会令对方认为我们虚伪，从而引起对方的反感，可谓得不偿失。

2. 找准切入点

每个人在社会上的地位、身份、职业等都不同，这就决定了每个人对于自身价值的认定方向不同，希望别人赞美自己的点不同。一个爱岗敬业的清洁工人，你可以赞美他为环境做出了贡献，让我们有了一个美丽的家园。但如果赞美他为神六火箭的上天立下了汗马功劳，无疑是牛头不对马嘴，也不会让被赞美者产生愉悦之情。

3. 背后赞美

当面的赞美，容易被人误解为溜须拍马，曲意逢迎，会让人认为你有其他关乎利益的目的，有时收到的效果是弊大于利。但背后的赞美则不同，往往能收到巨利微弊甚至无弊的效果。当你的赞美通过第三个人的口传达到被赞美者耳中时，他往往会相信这些都是出自你真心的赞美，无关其他，因此也加大了赞美的可信度。

以对己之心看待人

在我们的周围，有很多人——甚至包括我们自己——都会有这样的想法，认为与人交往时，我如何对待别人，别人就应该如何对待我。所谓礼尚往来，这是人人都该明白的道理，并且身体力行。于是诸如此类的抱怨便不绝于耳："我对她那么好，她怎么能说翻脸就翻脸！""我这么喜欢他，他凭什么不喜欢我！""从来都是他有困难我帮他，为什么我一有事他就躲开！"从心理学的角度来说，之所以人们会产生这些抱怨，是因为受到了"应该心理"的影响。在应该心理的影响下，人们理所当然地认为自己应该从对方那里得到对等的待遇。如果对方不能以我们对待他们的方式和态度对待我们，那么这就是不应该的。这种心理是普遍存在的，每个人的内心深处，都会或多或少地受到应该心理的影响。

军子和大山从小就住在一个大院里，两人年纪相仿，是穿着一条裤子长大的铁哥们儿。两人一路从幼儿园到大学，都在同一所学校，很多人都说，他们是过命的交情。可是，就是这一对“出生入死”的哥们儿，却因为误会，渐行渐远。

军子结婚后，家里多了一大笔开销，手头变得比较拮据。可是，自从他被单位调到分公司后，往返的路程一下远了很多。他每天挤公交上下班，有时在路上就要花费五个小时，因此，他不由得动了买车的念头。没过多久，媳妇开始抱怨，说家里没车周末出去玩都不方便，于是他便铁了心买车。但他手里的钱在结婚时已经花得差不多了，夫妻俩所有的存款加起来也不够车的首付，于是，他找到大山，想从大山那儿先借点，等缓过来就还给他。

大山十分为难，他手里确实有一笔钱，但他马上也要结婚了，正准备用这笔钱付房子的首付。女方家里明确说了，什么时候有房，什么时候领证。而对于军子夫妇选中的车，大山心里也颇有微词。军子夫妻俩工资都不高，两人也都没有创业的意向，一直拿着死工资过日子，却偏要买价值三十余万的越野车，这实在是没有必要。而且，不提车的按揭，以后养车的费用，对于他们来说也会是一笔不小的开销，如果自己把这笔钱借给他们，指望他们还了自己再去买房，只怕要等到别人孩子大学毕业了，自己才能娶上媳妇。想来想去，大山打定主意，委婉地拒绝了军子。

军子一听大山拒绝，立刻火冒三丈，暗想道：这小子！处了这么些年，才发现他这么抠唆！当初我是怎么帮他的！那年他父亲住院的时候，我去替他东拼西凑，最后还去学校借了一圈，才给他凑齐。这小子，白眼儿狼！军子越想越气，但始终没有在饭桌上说什么。大山看着军子的脸色，知道他在想什么，但也无话可说。

从这以后，两个“一日不见如隔三秋”的兄弟，相聚的次数越来越少，时间越来越短。大山总想尽力弥补，无奈军子心中一直憋着一口气，总也消不下去。

事例中的军子，就是受到应该心理的影响，从而对大山产生了深深的不满。他一味地以己度人，认为大山应该知恩图报，既然自己曾经为了大山的窘迫东奔西走，那么大山也应该为了自己的困难倾尽全力。就这样，两人产生了误会，一份珍贵的友谊，也在应该心理的“魔掌”下被摧毁。

在现实生活中，人们之所以经常受到应该心理的影响，是因为人们往往忽视了应该心理的存在，或是对于应该心理造成的影响没有给予足够的重视。然而，如果我们不能及时洞察自己或他人的应该心理，就很容易受其影响，轻则彼此心中产生不满，重则使人际关系受到损害，甚至难以弥补。因此，在人际交往中，我们若想不受应该心理的影响，对于别人，我们要做到以他们对待我们的方式回馈他们，甚至更多。而对于我们自己来说，又该如何避免应该心理带来的不利影响呢？

1. 自我反省，拒绝“想当然”

当我们真心的付出没有获得别人的回报，或是感觉回报远远小于付出时，我们首先要做的，不是指责他人，而是应该冷静自己的情绪，认真反思自己内心的想法。很多人习惯“想当然”，认为自己怎么样付出，别人就应该怎么样回报，由此陷入应该心理的怪圈。我们要知道，世上很多事，都不是我们“想当然”的那个样子，有很多人，更不是我们“想当然”的那个人。遇事冷静，首先调整好自己的心态，才能更加客观地分析事情、作出判断。

2. 设身处地，站在他人角度

很多时候，朋友并非不想回报我们，并非不愿以我们对待他们的方式来回馈我们，但是，世事难料。人们经常被自己不能左右的局面困住，难以随心所欲地做事做人。因此，我们应该多为对方着想，多去站在对方的角度体会他的难言之隐。当我们能够易地而处时，很多误会都可以避免。若不问青红皂白，只因朋友暂时的不回报而心生不满甚至大动肝火，很容易造成不可收拾的局面，最终失去彼此之间宝贵的友情。

3. 辨明情况，有所取舍

我们热情地付出后，对方没有回报，这时具体情况需要具体分析。有的人身不由己，一时难以回报；有的人则是一味地贪便宜，只知攫取，不晓付出。当我们辨明两种不同的情况后，应给出不同的应对。对于前者，我们应继续给予我们的关怀，这样会使彼此的友谊更加深厚；而对于后者，一旦看清了他的真实面目，我们便应敬而远之，交往点到即止，若再一味地希望与之深交，结果只会让自己身心俱伤。

我们经常说，对于我们无法改变的，就要学着去适应。这句话套用在应该心理上，也有很强的适用性。面对我们自己的应该心理，我们可以克服，可以调整；而面对他人的应该心理，我们则应该主动回报他人的馈赠，并理解这种心理，毕竟，这是人人都无法避免的一个“心理怪圈”。

防卫心理人人皆有

在日常生活中，人们经常有这样的体会：陌生人向我们借手机时，总是断然拒绝；不熟悉的人突然对我们十分亲密，心里总是有些不安，觉得“无事献殷勤，非奸即盗”；单位来了个特别能干的新同事，有些终日碌碌的人便开始骚动起来，觉得自己饭碗不保……之所以产生这些现象，是因为每个人都有防卫心理。从心理学的角度来看，人天生就具有心理防卫的需求和能力，例如，每一个新生儿都会哭泣，是因为他在胎儿时期的生理环境和心理环境都有所改变，让他失去了安全感，因此产生了防卫心理，啼哭不止。简单来说，防卫心理就是指人们天生具有的一种自我保护的心理。

心理学家马斯洛曾经提出，人的需要有层次之分，依次为：生理的需要、安全的需要、爱和归属的需要、尊重的需要和自我实现的需要。可见，安全感对于每一个人来说，都是一种很重要的心理需求，人们对于安全的需要，仅次于维持生命的生理需要。因此，我们在社会交际中，一定要考虑到他人的安全需要，理解他人的防卫心理。

经历了四年的寒窗苦读，马帅终于从一所重点大学毕业了。毕业后，他在大学所在地寻找工作，最后终于进入了一家知名游戏开发公司。进入单位后，部门经理热情地欢迎他的到来，说他为公司注入了新鲜的血液，随后，在部门经理的安排下，马帅跟着周主管，正式开始了他的职业生涯。

工作不久，马帅就感觉到不对劲：自己一直本分工作，没有什么违反公司规章制度的事，和同事、上下级之间相处也比较和睦，为什么周主管总是对自己不冷不热呢？在同事的提点下，马帅才知道，原来周主管的学历不高，主要靠自学成才，一步一步才走到今天，因此，他对那些“985”“211”毕业的高材生都不怎么热情。说完这些，同事还好心多嘴了一句：“你以后做事要多个心眼儿，别让老周抓着把柄。”

对此，马帅并没有太往心里去，他认为，只要自己工作认真，不犯错误，就不会怎么样。然而，同事之所以那么提醒他，显然是建立在过往经验的基础上。马帅的不在乎，为自己日后种下了苦果。

一晃半年过去了，马帅作为一个新人，丝毫没有露怯。他思路新颖，技术过硬，在公司最新开发的一款大型游戏中，写入了浓墨重彩的一笔。为此，老总十分赏识他，不仅经常当众表扬他，还接连几次为他加薪。春风得意的马帅，此时不禁暗笑那个“多嘴”的同事，还渐渐地生出了对周主管的蔑视，因此行事越来越张扬。

好景不长，马帅美滋滋的日子刚过了几天，各种麻烦就接踵而至。先是老总在会议中隐晦地批评马帅仗着自己的能力眼高于顶，接着是部门经理找他单独谈话，拐弯抹角地要他收敛自己，团结同事。这些言语上的敲打，还不算大事。重要的是，自此，周主管利用手中权力，故意不让马帅再参加公司的重要项目，即便让他参与，也只是跑腿打杂的“零工”。不仅如此，只要一有机会，周主管就会当众对马帅一顿冷嘲热讽。

这时，马帅终于再次想起同事的善意提醒，可惜后悔也晚了。

马帅之所以从职场红人落到如今的下场，和他自身的只知进不知退有着很大的关系，但重要的一点，是因为他少了一点人际交往的手腕，没有顾虑到主管的防卫心理。他的高学历对于自学成才的主管来说，本身就是一种潜在的威胁。而他意气风发时的高调，更是再一次刺激了主管心中的敏感地带，使得他的戒备心理更强。当人们产生防卫心理时，很多人并不会选择一味地退让，为了“保护”自己，人们更倾向于“主动防卫”，也正因为如此，主管便毫不留情地出手了。

从我们呱呱坠地，安全需要便一直伴随着我们，直到终老。这种“安全感”包括方方面面，生理、心理、财产的安全等，不一而足。一旦我们感觉到这些安全受到了威胁，就会本能地出现防卫心理，而这种防卫心理，很有可能让人做出攻击性的行为。因此，我们在与人交往时一定要记住，每个人都有防卫心理，在交往中，要尽量让对方在我们身上获得安全感，这样才能继续双方之间的交流和沟通。那么，我们在社会交际中，为了不激起对方的防卫心理，又该注意哪些方面呢？

1. 亲密有度，适可而止

每个人都需要自己的空间，无论多么亲密的关系，一旦你闯入了对方的领域，就会使对方的安全感被破坏，从而激起对方的防卫心理，严重者，很有可能导致对方愤怒地反抗，使得两人交恶。而对于陌生人，则我们更应该保持合适的距离。有些人天性热情，认为人与人之间应该相互关爱，心底无私，这种想法本身并没有错，也是值得提倡的美德。但是，人们天生就对陌生的人或事物缺乏安全感，对于陌生人更要保持更远的距离，才能满足自己的安全心理。若无端对陌生人表现出过分的热情，则很容易令对方疑窦丛生，认为你不怀好意。因此，在面对陌生人时，我们可以适当的热情，但不可过度的亲密，这么做，也是对他人个人领域的尊重。

2. 不主动触及对方私事

每个人都有自己的秘密，而这些秘密，若他愿意与人倾吐，那么我们便应该做个合格的倾听者：多听，少说，不探底；但若这些秘密是他人想深埋心底的，则我们无论如何也不要去触碰。个人的私事与个人领域相似，每个人会根据自己的感受，来判断他人可以接近或了解自己到什么地步，一旦他人未经允许擅自闯入这片领地，则极易引起自己的反感，导致彼此的关系受损。

3. 低调谨慎，为人谦和

过分张扬、行事高调的人，通常会让人觉得具有攻击性，而这种攻击性很容易激起人们的防卫心理。如上面提到的马帅，正是他的高调，更加刺痛了主管敏感的神经，导致主管的防卫心理增强，开始主动出击。而行事低调的人，往往给人一种温和、与世无争的感觉，为人谦和则更让人觉得与之交流时自己和对方的地位平等，甚至略高于对方。在这种舒适惬意的感觉中，人们很容易获得安全感。

防卫心理人人都有，人人都“戒”不掉。因此，我们在社会交往中，当对方的防卫心理被激起时，要及时察觉，并随机应变，迅速改变交流方式，让对方重新获得安全感。一个能让别人感到安全、舒心的人，才是一个值得交往的朋友，才能成为一个社交高手。

第三章

投其所好，找到共同之处

真诚问候是最寻常也最有效的敲门砖

我们每天要与无数的人擦肩而过，也许会与其中的一些人短暂交汇，是选择沉默，然后白白错过这次相交的机会，还是主动开口，使这个转瞬即逝的画面定格成一次体面的相见？这完全取决于你能否真诚地表达你的问候。

中国人是很擅长寒暄问候的，电影《不见不散》曾诙谐地展示了中国人彼此沟通的能力：

寻常百姓见面，第一句话就是“您吃了吗？”对方自然会微笑着回答：“劳您挂心，吃了，吃了。”

这样的问候非常简单，又极其有效，谈话双方的心意都在自然的承接中传递给了对方。

为了让你的问候发挥更大的效用，你还需要注意一些细节：

问候是不挑人的

问候是不应该带有感情色彩和功利色彩的，你的问候针对的是不特定的任何人，唯有如此，问候才能最大限度地保留真诚的味道。

黄宏、巩汉林、林永健以及董卿曾经演过一个小品叫《开锁》，扮演物业公司办公人员的巩汉林在出场时有这么一段台词：“亲爱的观众朋友们过年好啊！拜年了啊！哎哟！都说我们物业公司服务差，总和业主来吵架，我跟他们不一样，见谁都把招呼打，我是多打招呼少挨骂，嗨！”

这么简短的几句话却道出了一个现代人生活的缩影，就是有些人之间的关系已经非常冷漠。在这些人看来，人们之间的关系可以说体现出了赤裸裸的“利益关联”，双方之间只谈利益，不谈其他的，导致大家好像显得非常生分，没有丝毫的情感。这也是为什么巩汉林的台词中说“物业公司和业主”之间是一对难以调和的矛盾对立体。但是巩汉林所提出的一个新的服务理念又反映出一个新的观点，就是如何给本来就对你有一丝抵触和戒备的人一个比较好的第一印象，那就是勤打招呼。

巩汉林在小品中“多打招呼少挨骂”，见所有人都“嗨”，这样就给别人一种亲切感，至少在心里面会让对方认为“这人认识我”。但是其实呢，巩汉林并不认识这个小区里面住着的所有业主，可在他这样表现的时候却能给自己的工作带来极大的方便和好处，所有的业主都会对这个逢人就说“嗨”的物业人员产生亲近感，也就是说他给大家留下了非常不错的第一印象。

现在在网络上，甚至在生活中都流行一种说话方式，就是所谓的“淘宝体”。这种特殊的说话方式给人一种异乎寻常的亲近感，原本属于“淘宝网”上商家和顾客之间沟通的特殊方式被引用到了生活中的方方面面，这种凡事都称“亲”的说话方式大受欢迎。这都是因为“淘宝体”习惯于跟人打招呼、套近乎的原因。

可见，逢人便真诚问候，你就随时随地都能营造出温馨的场面，并成功收获好人缘。

利用好上下班时间

上下班的路上是一个神奇的空间，人们会很惊讶，原来在同一个时间段，在同一个场合里会如此密集地汇聚那么多人，而更令人惊讶的是，这些人的距离近得甚至有些可怕，可交流却少得可怜。因为只要有一部手机或一台平板，人们就可以躲开所有人了。

但你要知道，就在你放弃问候别人的时候，别人也放弃问候你了，所有的交流与沟通就停止了。

一夜大雪，翌日清晨，当阳光普照大地时，纯白的雪花化成了一摊摊混浊的污水。李欣踏着污水登上了南行的 47 路公共汽车。

冬日的景色实在乏善可陈，即便是寻常并不多见的瑰丽雪景，也没有吸引到一个人朝窗外看。乘客们都穿着厚实的衣服在车上挤成一堆，车厢里闷热的空气和汽车单调的引擎声让他们昏昏欲睡。

车厢里安静极了，谁都没有说话，这似乎已经成为人们搭乘公共交通工具上班的不成文规矩之一。李欣每天碰到的几乎都是这些人，她宁愿捧着手机心不在焉地刷屏，也不愿与他们交谈。显然，其他乘客也是这样想的，因为他们也都捧着手机在看。

大概十几分钟过去了，司机突然喊道："大家注意一下！"他的声音很有威严。

无精打采的人们闻言精神一振，他们纷纷将目光从手机上移开，伸长了脖颈，紧张地注视着司机的后脑勺。车厢内鸦雀无声，气氛凝重，因为他们认为自己可能即将遭遇绑架或抢劫。

"所有人都把手机放下。"司机继续说道，"现在，把头转过去，微笑着看着你旁边的那个人。"

车厢内议论纷纷，没有一位乘客这样做。

"赶紧转啊！"司机催促道。

乘客们虽然一头雾水，但最终还是照做了。不过，他们只是机械性地转了转脑袋，并没有露出笑容。李欣面对着一位老妇人。她拄着一根拐杖，头上戴着一顶枣红色的毛线帽，她几乎每天都能在车上看见她。他们目不转睛地盯着对方，等待司机的下一个指令。

只听司机用命令的语气说道："现在跟着我说……早安，朋友！"

于是，乘客们像小学生那样，齐声对身旁的陌生人说出了这句问候。不过他们的声音很轻，也很不自然。因为这或许是他们今天讲的第一句话。

李欣不由自主地笑了一下。乘客们虚惊一场，全都长长地舒了口气，车厢里的气氛竟然活跃了起来。他们隐约意识到，以往他们因为腼腆、难为情，从未向陌生人表露过友善。如今，阻隔在他们之间的那道看不见的壁垒消失了，他们终于说出了很早就想说的话——这似乎一点也不困难。“早安，朋友！”一些人跟着又说了一遍，一些人与身边的人握手拥抱，更多的人开怀大笑起来。

这时，没有人再去关注司机说了什么，而司机也确实没有再说什么，因为他已无须多说。车厢里没有人再拿起手机，他们你一言，我一语，说得热闹非凡。大家开始时的话题都集中在了这位古怪的司机身上，随着话题的深入，他们开始互相讲述自己身边发生的一些趣事。47 路公共汽车上充满了从未有过的热情洋溢的笑声。

真诚地问候就是这么唯美动人，它沁人心脾，直击心灵，所以，平常怠于或者羞于表达问候的乘客们被一句简单得不能再简单的“早安，朋友”深深地感染了。其实人们是渴望被问候的，然而人们能够被问候的机会并不多，正因为如此，你应该好好把握上下班的机会，主动问候别人，如此一来，就会如上面的故事那般，激动人心的场面会因你的一句问候而在你的身边实现。

选对话题，初见面就要投其所好

陌生人乍一见面能说什么呢？说得不好，一面的缘分就可能遭了唾弃，若真如此，那真是得不偿失。有一句英国谚语是这么说的："最初的印象是深刻的。"由此足见与陌生人的第一次见面有多重要，为这至关重要的一次会面，你应该早早谋划好要说的话题。合适的话题，无疑能够产生一次愉悦的谈话，谈话双方就能为彼此留下一个不错的印象。正因为如此，我们才要在第一次见面时就投其所好。那么，让对方喜欢的话题都包括哪些呢？你可以从下面几个方面得到些许灵感。

以对方感兴趣的事为话题

交谈中以对方为中心、以对方感兴趣的事为话题，是很好的选择。你可以根据对方的性别、年龄、身份，从对方的话语中找到对方感兴趣的、而你也比较了解的话题，其中，影视作品、健身美容、名人逸事等都是比较稳妥的选择。如果交谈对象不止一个的话，那就要以大家共同关心的事情为话题。如果一个男孩想在一群女孩中打开话题，那国际时事、体育新闻绝对不如娱乐和时尚受人欢迎。

需要注意的是，要尽量争取你所选话题与对方观点一致，不然谈不了几句就会话不投机，甚至引发激烈的言语冲突，那就得不偿失了。

柳茵和伙伴们参加一个聚会，聚会上有很多陌生的朋友。大家彼此虽不认识，但由于都是年轻人，很容易找到共同话题，因此彼此沟通得很顺畅，很快就玩到了一起。过了一会儿，柳茵的朋友们就不知道跑哪里去了，她一个人坐在吧台上，漫不经心地喝着饮料，拿着手机浏览最近一部热播剧的帖子。

这时，一个年轻女孩凑了过来，惊讶地“咦”了一声，说道：“你也喜欢这部电视剧吗？”

柳茵点点头，回答说：“是啊，剧情还不错，最重要的是里面的演员挑得不错，我很喜欢。”

女孩好像一下子找到了知音，赶紧说道：“没错没错，真不知道导演长的是什么眼睛，真够毒的，每一个颜值都那么高！”

柳茵赞同地笑笑。

女孩接着说道：“可惜，男主角的演技实在不怎么样，让整部电视剧失了很多分啊！”

柳茵一下子就不爱听了，她正是这部电视剧男主角的铁杆粉丝，当然不能允许别人质疑自己偶像的演技，就立刻辩解道：“怎么会？男主的演技多好啊，比男二的演技强多了，这部剧要是没有男主撑着，光靠男二，铁定完了。”

女孩的脸色瞬间变得非常难看，她强辩道："不可能，我家男二绝对是实力派的，演技当然没得说！"

两人谁也不服谁，彼此的声音越来越高，情绪越来越激动，最后竟然对骂了起来，如果不是柳茵的朋友及时出现，拉住了柳茵，一场女生与女生之间的战斗就在所难免了。

崇拜不同偶像的两个女粉丝，观点注定是不同的，根本不可能聊到一起去，所以这样的谈话就是不可取的了。如此说来，当我们涉及一些人们非常熟络的话题时，应该尽可能照顾别人的情绪，考虑别人的意见，体谅别人对自身观点的执着，如果彼此观点实在相距甚远，那么就要果断地结束谈话，另换一个彼此都感兴趣、而观点又相近的话题。

为了能够顺畅地推进一个话题，除了保证观点要相同或是相近外，保证自己有足够的知识积淀也是很重要的。如果对方讲的你懂，你可以跟着对方的话题一路谈下去，如果实在不够了解，也可以用仔细倾听、适时发问的方式来满足对方的倾诉欲，或者巧妙地将谈话内容转移到一个你们共同感兴趣的话题中去。另外，切忌不懂装懂，以免贻笑大方。

以对方擅长或得意的事为话题

满足对方的虚荣心，适时地赞美，是人际交往中必胜的法则之一。交谈中，如果你所提的话题是对方擅长或得意的事情，那就很容易让对方打开话匣子。如果对方是个小有名气的作家，你大可以询问："听说您的作品又发表了，能给我传授一些经验吗？”相反，如果对方是个不通文采的人，你却提议交流一下写作经验，对方很可能会以为你是在故意让他难堪，谈话当然不能再进行下去。

一位自由撰稿人曾经多次与某出版社的主编进行交涉，但在出书条件上一直没有达成共识。后来，他多方打听，了解到这位主编是打保龄球的高手，而恰巧自己也很喜欢这项运动。两人再次在一家咖啡馆进行商谈时，他没有直接提及自己出书的事，而是“无意间”提道：“前两天我在这家咖啡馆旁边的保龄球馆打球，可是手气很差，没什么战绩。”

不出所料，他的话音刚落，那位主编就兴致勃勃地问：“你也喜欢打保龄球吗？”

“我很喜欢，常常去打，只可惜一直没什么长进。”他如实相告。

“哈哈！我也蛮喜欢的，几天不摸球就手痒。”

“战绩如何？”他马上跟进。

“最高打过261分。”主编神色间颇有些得意。

“嗬！那可是专业水准了！”

谈到自己感兴趣的话题，主编自然是情绪高涨。分别前，两人还约定了下次一起去打球，主编不忘额外加了一句：“打球和出版条件可没有关系啊，两码事，得分开。”

但没过几天，这位自由撰稿人就和出版社签订了出书合同，而且完全是按照他最初要求的条件签订的。

渴望被承认是人的天性。想要赢得对方的好感和认同，你不妨在恰当的时机，说出一些让对方倍感舒心的话来。当对方觉得他的自我价值在你那里得到肯定时，他就会很愿意与你往来。

以关心对方为话题

每个人都需要别人的关怀和帮助，所以，关心对方也是一个永远受欢迎的话题。同青年谈发展方向，同主妇谈家庭生活，同家长谈培养子女，同学生谈如何提高成绩……如果你能在谈话中让对方感觉到你对他的尊重和体贴，你们的关系就会慢慢拉近了。

一位女记者曾在鸡尾酒会上与伊丽莎白女王做过简短交谈。一开始她就问女王，昨天是否在风雨中视察过铁矿，这让女王十分惊讶。女记者之所以能提出这样的问题，是因为她在女王的外衣上看到了红褐色的矿屑。经女记者提醒，女王才恍然大悟。女记者的交谈从关心女王开始，自然引起了女王的好感，这次交谈也进行得十分融洽。

此外，需要注意的是，在选择话题时，要尽量选择那些“安全系数大”的话题，交浅言深是不可取的，触及对方敏感地带、容易被误解的话题也都要小心避开。

寻找共同之处，陌生人瞬间变“一国人”

我们回想一下与陌生人发展成熟人的历程，最经典的一种方式恐怕就是双方通过一番交谈，发现原来是君子所见略同，接下来就顺理成章地英雄惜英雄，然后几乎瞬间就成“一国”的了。可见，说出共同语言，是消除陌生感，增进亲近感最好的方法，一个人若想博得一个陌生人的好感，首先就得在语言上契合。所以，在谈话时尽可能寻找一些共同之处来说吧，你可以从下面几个方面入手。

脾气相投，说话才能相投

人们说话讲究的是脾气相投，投脾气的人千言万语也动听，不投脾气的人寥寥几句也格外刺耳。所以，当你遇到一个陌生人时，若你不想一句话就把人得罪了，最好事先预估一下你们俩是不是脾气相投的人。如果是，那么你可以放心大胆地说话了；如果不是，你最好什么都不要说，因为一张嘴可能就是错。

那么，如何摸清一个人的脾气秉性呢？很简单，从闲谈中就可以看出一些端倪。因为我们在闲谈的时候一般都不会特别紧张，所以大家也都不会去“刻意表演”，而且闲聊的话题都是比较轻松愉快、无关痛痒的，在这样的情况之下，人往往都会放下戒心。这个时候也正是我们“乘虚而入”的时候。

曾经在路边摆摊给路人算命测字的“江湖术士”，也是用这种闲聊的方法了解那些被“忽悠”的善男信女的。因为人在闲聊的时候不经意间就会泄露出自己的一些信息，如籍贯、从事行业、年龄、家庭背景等，当这些被所谓的“大师”一语道破的时候，你就会觉得非常惊奇，其实他们猜得已经八九不离十了。自然那些被言中的人就会乖乖地掏腰包，求大师来“指点迷津”，而这些江湖术士也就欣然自得地稳做他的“姜太公”了。

在闲聊中询问别人的观点或者探查出这个人的为人以及个性是一件比较有技术含量的事情，这需要不动声色、“暗度陈仓”。对方的一些比较个人的信息以及个性是比较私人的情报，只有他觉得此人跟自己比较亲近才会告知，所以如果你毫无头绪地去打听别人这一方面的事情，别人就会对你产生排斥感甚至警惕性。这样冒失的行为也是不理智、不礼貌的。我们可以用一些旁敲侧击的方法来达到这一目的，这样才不会引起对方的反感，甚至对方还会因此而觉得你这个人很不错，更愿意跟你亲近。

比如在问职业的时候，我们就可以采取试问法。在你出口询问之前，你要先看看这个人所表现出来的那种气质，初步推测出他所从事的行业，若他外表看上去文质彬彬的，你就可以推断他是知识分子。下一步你就可以问他："请问你是老师么？"一般情况下，他会下意识地纠正你的错误或者直接承认。如果他说他不是老师，你就用含糊其词的回答让他觉得你只不过是随便猜猜，并没有什么其他的企图；若你猜对了，那对方一定会佩服你的眼力，你们之间的关系瞬间就可以拉近。

要想在闲聊的过程中，准确地拿捏住对方的"脉"，我们就要注意以下几点：

第一，对凡事都比较淡漠的人——随着他的兴趣来，否则必然会碰壁或者被无视掉。这种人一般都非常自我，所以他不会在意你的话题，而是更加在意这个事情与他有没有关系。

第二，跟别人闲谈喜欢用形式化语言的人——这种人心机往往都比较重，所以总是喜欢用一些"假、大、空"的话去敷衍别人，从来都不会表现出自己内心的真正想法。故而和这种人谈话一定要小心，不要"偷鸡不成蚀把米"，被对方给绕进去了。

第三，爱说大话、心直口快的人——这种类型的人是比较好把握的，只要你循序渐进，一步步地对其引导，那么他很快就会按照你设定好的步骤，将自己的底牌一一向你亮出来。

总之，想要抓住对方的"脉搏"，闲聊可是个很好的契机。

背景相似，说话才能相似

中国有一句古话，叫"同是天涯沦落人，相逢何必曾相识"。也就是说，一般有着相同背景、相似经历、共同目的的人，往往会成为"一国人"，也很容易产生共同语言。这句话在如今同样适用。

之所以会出现这样的情况，很大程度上源自社会变革给人们带来的影响。在今天这个大时代背景下，更多的人选择远离家乡，到陌生的大城市中谋生。对这些人而言，独在异乡为异客，孤独漂泊的感觉如影随形。不论是否愿意，人们必须要去结识陌生人，在陌生的环境与陌生人打交道，这个过程很难让人感到舒服。可是，如果这个陌生人是同乡，或者也有过相同的经历和遭遇，抑或有着共同的奋斗目标，那么这样一来，陌生人顿时也就不陌生了，因为相同的背景总是容易让人产生些许莫名的好感。

当然，两个陌生人在一起，不可能一上来就都自报家门，将背景抖落得干干净净，最初往往仅仅是一种试探。试探些什么？一般都是了解一下最基本的信息，这就是我们与陌生人沟通的技巧。我们不能一上来就直接询问一些比较“私人”的问题，这样显得你非常没有礼貌和教养。陶渊明的《桃花源记》中说的那个武陵人找到桃花源的过程是很曲折的，其实我们想要了解陌生人，跟寻找桃花源一样，是不可能一蹴而就的，我们应该通过旁敲侧击的方式去试探。

两个青年人同坐一辆长途汽车，他们并排坐在一起。

“你在哪里下车？”其中一个人问对方。

“在终点站，你呢？”

“我也是啊，好巧，你是要去上海什么地方啊？”

“我要去浦东那边的亲戚家，你是上海本地人吧？”

“不是，我也是从外地来找亲戚的。”

两个人发觉互相都对上海有所了解，并且也有一些共通之处，便有了共同语言，他们说话很投机，所以就互相留了电话，还互相邀请对方去家里做客。后来，他们就成了好朋友。

这两位从陌生人到成为朋友，其实只因为简单的几句对话。有时候我们为了打开局面，就必须有人付诸行动，来一次“破冰之旅”。你可以选择以一句问候和打招呼开始；也可以借机询问对方的籍贯、身份等；还可以从对方的口音、说话方式等方面入手；甚至你还可以假借“吸烟借个火”这样的托词来探查对方的一些背景信息。而一旦你发现对方有些许跟自己相同的背景，无论是出身差不多，还是目的地比较相近，抑或根本就是一个地方出来打拼事业的同乡，那亲近感自然而然就有了。

话题相同，讲话更有共鸣

在你第一次与人见面，互相寒暄并且介绍了自己的基本情况之后，两人算是已经认识了，但是却没有深入的交流，也就是说只能算是“泛泛之交”，充其量有这么“一面之缘”罢了。而且，作为一个没什么深厚阅历和实战经验的“菜鸟级”新手，很有可能在见面之后就会出现“认识了一下，再就没什么话语了”的尴尬局面。这时候，为了打破尴尬的僵局，你需要寻找出一个很好的话题来，这样两人不但可以打破沉默，并且还能够让彼此之间更加深入地了解一下，为更进一步发展关系打下良好的基础。

俗话说“酒逢知己千杯少，话不投机半句多”，好的话题能让谈话双方喜闻乐见，纵情畅聊。然而“众口难调”，我们每个人都有不同的口味。例如，北方人喜欢吃面，南方人喜欢吃米；北方人口味较重，南方人喜欢清淡，等等。每个人对话题也有着自己独特的偏好，这个与个人的修养、性格、品性、性别、年龄、爱好和身份地位等都有关系，可以说是非常复杂的。所以对于一个人喜欢什么样的话题，很少有人能够拿捏得十分准确，因此我们只好退而求其次，先分析出这个人对于什么样的话题不反感。

如何从一个陌生人那里了解到他能够接受的话题，是一个比较难办的事情。正因为互相之间不甚了解，所以无法轻易做出判断。不过我们也有一种“快捷方式”去达到这个不太容易达到的目的，即“投石问路”法则。

“投石问路”就是将我们所知道的一些有限的信息进行“更进一步”的分析。例如，你们刚刚认识，但是通过介绍你得知了对方在哪里上的大学，并且知道了对方所读的专业是什么，那么为何不从他所学的专业入手展开话题呢？这就是所谓的“投石问路”了。从对方比较擅长或者比较得意的事情开始说起，那么这个话题一定是有价值的，谈话将会连绵不绝，并且还有更加深入了解的机会，这会为你打开局面带来良好的契机。

投石问路一旦成功，你就会知道究竟什么样的话题能够引起两人的共鸣，使两人寻找到更多的共同点，顺利发展成为“一国人”。如此一来，你还怕陌生人不好接触，陌生感不好消除吗？

看准人，说对话

说话，是给别人听的，所以我们所说的话能不能达到目的，就看受众是否能够接受，并且就算是接受了，也要依据接受的程度来评判所说的话效果如何。不同的人需要用不同的说话方式。

这就和厨师做菜一样，需要根据顾客的口味来制定烹调的手法。但是有句话叫“众口难调”，同样一道菜，一个人喜欢吃，不见得另外一个人也喜欢吃。说话也是一样的，同样的一句话，对这个人说能起到作用，而对另外一个人讲却丝毫不起作用，这就是我们为什么要在说话的时候注意分辨说话对象的原因。

在说话的时候，我们有的时候会犯一个错误，这个错误不是很容易被觉察到，除非一些非常明智的人才会注意到自己的这个“小毛病”，那就是在说话的时候以自我为中心，不管对方是什么样的人，也不管对方是否能够理解自己的这种说话方式，自己想说什么就说什么，想怎么说就怎么说。这样做基本上就是自己把自己给逼上了绝路，因为说到最后，也只能是你自己一个人很高兴而已，这种自娱自乐的说话方式，完全不能获得什么成果，更不能让对方体会到你想要表达的意图。

那么我们要怎么样说话才能让所有的对象都比较容易接受呢？这是一个难以做到的事情，但是我们能够找到一种共通性的原则，以便我们管中窥豹，逐渐培养出见什么人就能说什么话的本领。

大千世界，无奇不有。全世界有 60 多亿人口，而我们中国就有 14 亿，所以在这么庞大的一个群体中，自然就有千奇百怪的各色人等，世界上还没有两片完全相同的树叶呢，更何况我们人呢？所以在我们面对不同的人的时候，就要用不同的方法进行交流，特别是在说话的技巧方面，一定要因地制宜，因人而定。

我们日常所接触的人里面按照不同的情况可以分为许多种类型，但是让我们难以把握说话的方式方法的，主要都是比较特殊的那一类人，即不是非常熟悉的人和只有特定关系的往来而没有过于亲密的私交的那些类型。因为不同的人有不同的性格，而且因为人所受教育的不同以及从事行业的不同也会对其思维方式和说话习惯有一定的影响，所以，我们就要根据这些来制定相对应的方针。

电视台的记者要能够游刃有余地应付随机的街边采访，这是其职业素养之一，也是考验这个记者看人说话的能力。因为在大街上，随便找一个陌生人采访对方的时候，记者需要的是让对方充分地反映出他的观点，同时又能让他所表达的内容在可控范围之内，以获取有用的素材。但是我们会发现，很多记者在街头采访这一方面并不尽如人意，这就是因为有些记者不注意说话方式。

一个专题节目要采访社会上各个阶层的人，而题目就是“你幸福吗”。当记者问到一个有一定文化水准的人的时候，对方可能会给出比较好的回答，但是如果被采访的对象是个文化水平不高的人的时候，对方就有可能无法领悟其精神，从而导致“答非所问”。例如，记者问：“请问，您幸福吗?”被采访者答：“我不姓傅，我姓曾……”这样的采访结果，就让人啼笑皆非。但是如果当时记者多思考一下对方的一些其他方面，如结合被采访者身份背景之类的因素，记者再去采访，就不会这么尴尬了。记者会说：“请问，您觉得您这日子过得怎么样？感觉幸福不幸福啊?”这样对方就能心领神会了，这次采访也就能够比较顺利地完成了。

这就是如何看人说话，它没有那么复杂那么深奥，全在于一个人的细细领悟和多多尝试。看人说话就和“逢山开路遇水搭桥”一样，不需要多么深邃的心机，只需要多多观察。例如，遇到性格傲慢清高的人，就要说话干净利落；遇到沉默寡语的人，说话要直截了当；遇到轻慢草率的人，说话要细细斟酌；遇到顽固倔强的人，说话要点到即止；遇到巧言令色的人，说话要谨小慎微……面对不同年龄段和不同性别的人，也有不同的说话方式，和小孩子说话的时候，就要谈论动画片；和老人家说话的时候，就要说说书法、下棋或者花鸟鱼虫。

面对不同的人，我们需要根据每个人不同的情况来调整自己的语言，这样才能看准人，说对话。

初次见面，谈谈“隐私”套套近乎

“隐私”不隐，这是现代社会一种相当普遍的认识，因为人们有好奇心，所以总有关注别人隐私的情感倾向；而人们同时又有分享意识，所以不排斥与别人畅谈心事、悲喜与共。于是，所谓的隐私也就成了可以拿出来论、谈、晒、炫的个人信息。这的确是一个能够迅速拉近彼此间关系的方式。当然，隐私也是分种类的，并不是所有的隐私拿出来秀都可以增进了解、深化关系，你得有所取舍。

谈悲情，不谈幸福

同情容易引起好感，是心理学贡献给人类值得铭记的真理之一。人们既同情别人，又期待被别人同情。因为，人们大多认为，相较于炫耀时散发出的高人一等的傲慢，同情才是难得的真情流露，仅凭这份真情，人们就足以彼此相知。

阿楠和东子小时候是邻居，也是小学和初中时的同班同学，两个人从小一起长大，是关系很铁的哥们儿。后来因为阿楠家搬到了其他城市，两个人才渐渐断了联系。

十年以后，在一次初中同学聚会上，已经成年的阿楠和东子再次见到彼此。此时的阿楠，是一个品行端正、兴趣广泛、无所不通的精英青年；而东子则是一个无所事事、除了玩之外什么都不会的普通青年。

他们坐在一起能聊什么呢？当阿楠大谈特谈世界大势，以及自己的辉煌人生时，本来还对见面兴致勃勃的东子早已经厌烦透了，甚至还在心里暗暗发誓再也不要和阿楠碰面了。

如果阿楠能够少提自己的优势，适当地抱怨一些自己的小毛病，亮出自己生活和工作中遭遇的一些艰辛，那么，这极有可能会引起东子的共鸣，也不会造成两人不欢而散的局面。

美国脱口秀女王奥普拉·温弗瑞就很懂得打悲情牌，她之所以能够让明星、政要们不吝说出自己的一些秘闻，就是因为温弗瑞本人会主动示弱，爆料自己的一些秘密，说一说自己的心酸往事，聊一聊自己年轻时的那段不堪回首的岁月。如此一来，对方的心理防线就会被迅速攻破，在同情心泛滥的情况下，他们会觉得找到了知音，找到了可以互相大倒苦水的天涯沦落人，关系自然也就能迅速拉近了。

中国有句古语："同是天涯沦落人，相逢何必曾相识。"这说的也是一种沟通技巧。虽然"四海之内皆兄弟"，但人与人之间的距离感并不容易拉近。因此，与人交往最关键的一点就是要懂得示弱，善于打悲情牌，利用对方的同情心理来营造认同感，从而拉近彼此间的距离。

真实度至少要达到70%

当你沉浸在别人的隐私中悲喜交加时，你必须明白一点，这些隐私不一定是真实的。但是，反过来说，当你声情并茂地讲述你所谓的人生经历时，要知道对方非常有可能被你打动，那么，为了尽快得到对方的信任，从而拉近与别人的距离，你要保证所讲事情的真实性至少要达到70%，唯此才能显现你的真诚，才不负别人对你的信任。

一个出身于偏远乡村的小姑娘青青，怀揣着梦想来到了大城市，几乎是在踏上这片繁华之地的一瞬间，她就爱上了这里，并发誓要在这座繁华都市站稳脚跟。

但是，一个身无长物又举目无亲的小姑娘，要在偌大的城市里找到一个属于自己的位置，谈何容易。

青青的第一份工作是在一家中等规模的酒店里洗盘子，由于她聪明伶俐，领悟力强，又手脚勤快，所以很快就走出了厨房，到大厅里做了一名接待员。

由于接触的人和事比以前多了很多，青青的进步也非常快，而且她自觉领悟到了一个重要的道理——在这座城市生存，没学历、没人脉背景是完全不行的，于是她开始有意识地编造一些关于自己身世的谎言。在与同事们聊天时，她总是有意无意地透漏一些所谓的个人隐私，而内容不外乎“家道中落，饱尝艰辛但一心向学”“勤工俭学，是年年荣获一等奖学金的高材生”之类的谎言，她发现同事们得知这些“隐私”之后，都特别主动地与她交往，她一下子有了极好的人缘。

有一天，青春偶然接待了一个中年人，尽管这个中年人衣着寻常，但青青还是本能地感觉到此人气度不凡，肯定不是一个简单人物，她不敢敷衍，马上提供了最为周到细致的服务。

果然，青青的判断是正确的，这位中年大叔是国内一家知名大酒店的总裁赵先生，他非常欣赏青青，便在闲聊中简单询问了青青的学历和家庭背景等一些问题。

青青生怕说得不好就错过这次机会，于是她像往常一样，编造出了一个“有志青年艰苦奋斗”的励志故事。谈话中看得出来，赵总很赞赏青青，这令青青很高兴，她觉得这位大酒店的总裁很快就会聘请自己。

不料，没过多长时间，现在这家酒店的老板通知青青，她被辞退了。青青表示不能理解，老板便解释道：“你这个孩子活得太假，谎话连篇，特别是对赵总撒谎一事，情节非常恶劣，严重地损害了酒店的声誉，你已经不能再留在酒店了，请马上离开吧！”

青青黯然离开了酒店，她还是不明白自己究竟哪里做得不对，人们不是都很喜欢她吗？

很遗憾，到了最后青青都没有想明白她到底做错了什么，其实这并不难理解，她在对别人描述自己的家庭及生活背景时真实度太低，基本上都是在胡编乱造。

你必须明白，讲真话——这其实是人们对于语言最基本的要求，一个场面人怎么能够信口胡说呢？这不符合人们对体面的基本要求。

你要知道，隐私之所以会打动人，就是因为人们默认它是真实的，至少绝大多数是真实的。你能说出你自己这些鲜为人知的真实经历，就代表着你想与对方增进关系的诚意。试想一下，如果你是在用谎言欺骗对方，那么你该如何收场呢?

所以，如果你决定有意无意地泄露一些隐私来跟人套套近乎时，切记要示弱和坦诚，如此，谈话的场面才能如你设想的那般自然与熟络，否则，只会事与愿违。

拒绝人云亦云，出口就得有新意

人们往往对新鲜的观点和言论抱有极大的热情，容易受到感染，而对陈词滥调不屑一顾。如果一个人所讲的，早已是人们熟知的东西，人们理所当然会认为此人毫无真才实学，所说的话不过就是东拼西凑来的，是已经被无数人说烂了的东西，根本不值得一听，而持此陈词滥调的也不过就是平庸之辈，毫无内涵，必定不值得结交。可见，一直人云亦云而说不出新东西，是不会给别人留下好印象的。若是能标新立异，与众不同，那么，不用长篇大论，寥寥几句就可能征服别人了。

时近中午，大街上往来的车辆并不多。突然，一辆红色轿车以极快的车速一路狂飙，接连超过了好几辆以正常速度行驶的小车后，朝着十字路口冲了过来。此时，路灯已经变成黄色指示灯，可小车丝毫没有减速的意思，似乎想要赶在变红灯前急速通过。此时执勤的交警赶紧打手势，示意红色轿车停车，在一声长长的刺耳的刹车声之后，红色小车硬生生停在了刹车线以外半米处，而交通灯早就变成红灯了，另一方向的车已经开始通行了，情况真是千钧一发！见交警走了过来，小车司机颇为不服地摇下了车窗，准备和交警吵一架。交警慢悠悠走到了车窗边，淡定地说道："先生，有急事吧？"

"可不是有急事嘛，要不就不会开这么快了嘛！"

"瞧您说的，这怎么能是开得太快呢？这明明是飞得太慢了嘛！"

"……"小车司机无言以对。

交警接着说："怎么着，先生，您是赶着参加星际大会吧，我也不耽误您时间，咱这儿实在没有针对您这飞行器的处罚规定，要不我勉强给您开张超速的单子，您看行不？"

小车司机赶紧从车里钻了出来，笑着说道："您看您说的，交警同志，您说我这车开得，给您添麻烦了，您开单子，我绝对没意见！"

小车司机想必已经对交警同志佩服得五体投地了，也难怪他会有这样的反应，这位交警同志也太会说话了！假设这位交警要是跟寻常交警一样"严肃执法"，估计两人你来我往，不出几句就得吵起来，到时候事情一定是一发不可收拾。神奇的是，这位交警一张嘴就与众不同，他竟然将一板一眼、听着让人冒火的"判决词"，生生变成了幽默段子，也算是有真材实料了，这幕新鲜生猛的戏码甚是吸引人，无怪乎这位原本怒气冲冲、准备大干一场的小车司机，听了交警几句话，就被征服了。

说话与众不同，往往就会有神奇的效果。你要明白，大家都说的词儿不一定是好词儿，不一定百试百通，创新才是铁律，新鲜才是王道，说话总要有点儿新意的。

舍弃空谈妄论，说话要接地气

除了说话有新意，有内涵，我们在说话时还要接地气，这样才能不空谈，才能给人留下好印象。

小丹的父母给小丹安排了一场相亲。对方出身良好，家境殷实，曾经在国内一流高等学府接受过教育，之后又远赴美国学习深造，才学可见一斑。更难得的是，此人相貌堂堂，身材伟岸，外形条件十分出众。衡量各方面条件，此人都是结婚的上佳人选。

听到父母的分析，小丹本人也是非常期待，便一脸欢喜地相亲去了。小丹不想初次见面就没有礼貌，便提前 5 分钟到场，她原以为男方应该已经到了，不料，她连男方的影子都没有看到。

1 个小时后，男方姗姗来迟，小丹一见男方外貌果如父母所说，便生出几分好感，对于迟到的事情也没有太在意，谁知男方一张嘴，小丹就火了。

“噢，我来晚了，我实在太忙了，有太多的事情等着我处理，唉，缺了我不行的。”

小丹一脸黑线，好感顿时没了一半，心想这人恐怕是一身太子爷的习气，笑着说道：“噢，那没关系，看来您身兼要职，工作挺忙的吧？”

男方一撇嘴，说道：“现在不忙了，那种白痴公司实在太垃圾，根本没有我这样的海归人才施展的空间，我可是留洋博士，怎么能让我干那种没品的工作，刚刚辞了。”

“噢，也好也好，可以先想想将来要做什么，到时候再找工作也不迟啊。”小丹以为对方正在恼怒中，便礼貌性地劝解了几句。

不料这位男士摆摆手，胸有成竹地说道：“我都想好了，与其去那种没品的公司，还不如自己创业，凭我的能力，前期投入三个月就能盈利，今年一年内把经营规模扩大一倍，明年达到千万资产，三年后资产破亿。等五年后，我就可以和马云平起平坐了，不过做商人其实也挺没劲儿的，人还是要有点儿大出息。”

小丹已经目瞪口呆了，问道：“那照您看来，什么才叫有大出息啊？”

男方哼了哼，回答道：“当然是弃商从政了，到时候我富可敌国，然后顺顺利利步入政坛，我觉得大概十年左右，我能进入中央政治局做常委，想想那时候我大概不到 50 岁，那么当选国家主席的机会还是挺大的……”

小丹确认了几次，这位男士应该不是疯子，但说话也太不着边际了，这空谈妄论都到了神的级别了！于是她赶紧说道：“哇！

您理想远大，真令我钦佩，不过我就是一介小民，只想过普通百姓的生活，看来我们的想法出入挺大的，今天就当是交个朋友吧。”

男方点点头：“那太遗憾了，本来我对你还是挺满意的，你很有领袖夫人的气质。”小丹敷衍地笑笑，赶紧借故离开了。

此男士的空想已经到了一定境界，说的话完全不接地气，如此好高骛远、不自量力，简直有些过分了。像该男士这种毫无真材实料的空谈妄论者，只能贻笑大方，哪里称得上有内涵？无论说什么，都不过徒增笑料罢了，请相信，这种人是不会给人留下好印象的。

摒弃粗浅庸俗，言辞要有格调

除了谈吐要有新意、开口要接地气，一个人的内涵还体现在说话的文雅上。简单来说，肚子里总要有点儿墨水，这样才能说出真材实料。不过一般来说，语言是用来交流的，只要不影响人与人之间正常的交流，语言平庸点儿也没关系。比如天空乌云密布，大雨将至，你对着朋友吼一句："快下雨了，带把伞！"料想你的朋友完全能理解你的意图，用不着这样说："你看外面天空阴沉，似乎将有倾盆大雨，不如带上雨具，以备不时之需。"

但你必须明白，语言虽然可以平庸，但并不意味着我们就可以理所应当地让它庸俗了。语言传承至今，已经成为一门艺术，能说话和会说话，终究还是两个层次。一个只会蹦出几个平庸字词的人，料想他的文化程度不会太高，语言功底不会很强，恐怕很难给人留下太好的印象。反之，一个出口成章、用词高雅的人，毫无疑问能够显示出与众不同的格调，从而给人留下好印象。

说话平庸无奇，已经谈不上内涵了，如果再落得粗俗的品相，那恐怕就是逾越了语言道德的底线，到最后只能遭人唾弃了。例如，你初见一个美丽的女孩，心动之余想表达赞美，你可以动情地说："您的明艳让人沉醉，能见到您实在是我三生有幸。"或者，你也可以这样平淡地说："你好，很高兴见到你。"但是你绝对不能这样说："妹子你牌儿够靓的，亮瞎了我的眼啊！"

第一种语言极为文雅、很有内涵，格调不同寻常；第二种差强人意，刚刚及格，虽然平淡无奇，但表述上没有令人不适之处；至于第三种表述，实在粗俗不堪，即便那是赞美的话，人们听到后也很难高兴得起来。我们能做到文雅的那一种自然最好，但即便我们说不出那般有内涵的话，也不能直接跌至粗俗的水平线。

在此处，我们要强调一下粗浅庸俗的含义，它不仅仅指前文中提到的那种艳俗的、低级的、毫无高雅情致的话，还指爆粗口。爆粗口，也就是言语中带有不干净的字词。

我们还以之前的事情为例，如果一个男生见到漂亮的女生，高兴得忘乎所以，随口吼了句："这太××的好看了……"语言的道德底线被践踏了，语言的艺术性也就不复存在了，即便这句话语意明确，理解起来没有问题，可由于字眼太过粗鄙庸俗，恐怕只会给听者留下糟糕的印象。

第四章

左右逢源，快速拉近关系

欲求先予的互惠效应

所谓“互惠效应”，心理学家给出的解释是：从本质上来说，人际交往是一个社会互换的过程。人们在交往中，相互给予彼此需要的东西，而这种交换，即为人际交往的互惠原则。互惠效应强调的是交换，大多数人都有着“知恩图报”的心理，当我们受到别人的恩惠以后，往往会以相同或相似的方式回报他人为我们作出的奉献。换而言之，我们的行为，孕育着同样的行为；我们付出友善，收获的也会是友善。这就是互惠效应的基本内涵。

范丽华大学毕业后，怀揣着自己的梦想，去了一个大城市闯荡。

初到之时，她看着自己卡里可怜的数字，几经辗转，总算找到了一个住处。在远离市中心的城郊，有着成片的小院，住着很多外来的租客。就在这些院子里，她租了一间小屋，在漂泊中有了一处安身之所。

凭着自己的能力，她很快就找到了一份工作。这份工作未来的上升空间很大，只是开始时的薪资有些低。为了将来，她再三考虑后，决定先坚持一下，在经济上尽量节俭。因此，虽然她已是大公司的白领，却没有离开那间小屋，还是继续和一些不知底细的人混居在一起。

在她住的胡同口，每天早上都有一个大爷摆着馄饨摊，让外出的人能在上班前吃一口热腾腾的早点；到了晚上，大爷又摆起摊子，让晚归的人吃一口夜宵。他就住在这一片，所以晚些收摊也无妨。

每次大爷招呼范丽华吃碗馄饨，范丽华只能行色匆匆地抱歉，说自己赶时间，下回再吃。大爷也只是笑笑，说声“好嘞”，便继续包着自己的馄饨。

冬去春来，一转眼范丽华已经在这里住了半年了。天气渐渐热了起来，很多人不再愿意吃热乎乎的馄饨，大爷的生意差了起来，晚上收摊一天比一天早。范丽华的工作越来越忙，每天回家的时间也越来越晚。

每次下了公交往住处走的这段路，因为没有路灯，她总觉得像在荒郊野外，一路都心惊胆战，疑心背后有人跟踪自己。她本就害怕，却又听说住所附近的治安出现问题，一连好几晚都有单身行人被打劫的事发生。听到这些，范丽华恨不能每天住在公司，却又不能不回去。

这天晚上，她在公交车上怕了一路，刚下车，却抬头看见大爷的馄饨摊又摆了出来，而且更靠近路边，还换了一个特别亮的大灯泡。她赶忙跑过去，在馄饨摊旁坐下，点了一碗馄饨。这时，她才发现馄饨摊旁已经坐了好几位客人，而且大部分是女客。

他们一边吃着，一边表达对大爷的谢意。大爷笑着说："这有个啥。我寻思最近出了事，你们女娃回来晚的话会害怕。我一个老头子举着灯站在路边也不像话，就又摆起摊子了。你们吃完了还能就伴回家，人多了就不怕了。"范丽华仔细看去，才发觉摊子上不仅支起了一个大灯泡，在朝向院群的那边，还挂着一盏矿工灯，光线直射他们回家的路。

从此以后，很多人下了班都会来大爷的摊子上吃碗馄饨，不管饿不饿。他们一边吃，一边互相聊天，然后结伴回去。大家逐渐热络起来，大爷的生意也更好了，从单单供应馄饨，发展到了酒水卤货一应俱全，忙的时候，大爷的孙女还要来帮忙呢。

这个事例，深刻地说明了互惠的力量。卖馄饨的大爷为了早出晚归的上班族们着想，不计回报地为他们亮起了一盏指路的明灯；上班族们投桃报李，怀着感恩的心，也让大爷的生意更加兴旺，在互惠效应的影响下，大家获得了共赢。

在日常生活中，如果我们受到了别人的帮助，或是接受了别人给予的"好处"，那么我们也会找机会回报对方，这就是互惠效应的体现。没有人喜欢一个只知索取不知回报的人，大部分人也不愿意自己给别人留下这样的印象。那么，我们该如何运用互惠效应，让自己在社交中更受欢迎呢？

1. 将欲取之，必先予之

在互惠效应中，首先要有一个人对他人提供“惠”，才能有对方来回报，形成“互惠”。因此，我们在人际交往中，不妨主动出击，成为那个“施惠”的人。如果只知守株待兔，那么，很有可能在漫长的岁月后，你和那些本该能够互惠的人，依旧是毫不相干的陌生人。

2. 礼尚往来，维护“可持续发展”道路

如果人们第一次的施惠没有获得回报，或许很多人不会表露什么，也不会感到太多的不满。但若受惠方一而再再而三地只知受惠不懂回报，那么很少会有人愿意继续为之提供帮助。在社会交往中，只有受惠的一方懂得投桃报李、礼尚往来，去回报对方，才能使互惠形成。而首次的互惠形成后，人们往往会继续相互帮助、相互友爱，从而进入一个良性循环，使得互惠成为一条“可持续发展”道路。

3. 易地而处，得理也饶人

有位作家曾经说过，有人的地方就会有冲突。我们在与周围人的交往中，难免会与别人产生矛盾，有时甚至发生冲突。这个时候，就要求我们先平复自己的情绪，多从对方的境地出发，即便我们是占理的一方，也没有必要“据理力争”。当你为对方考虑，站在他的角度为他着想，主动缓和冲突时，对方也会有所感悟，明白你的良苦用心，感受到你的气度。这样，便收到了互惠的效果。

在社会交往中，互惠效应可以给我们带来共赢的局面，让我们在互相帮助中更容易通向成功之路。没有人能脱离社会单独地存在，我们需要与别人互相扶持，需要一个更加广袤的人脉。深刻认识互惠效应，在人际交往中灵活运用，可以使我们快速获得他人的好感，成为一个人人都愿意交往的益友。

如何看待社交中的互补效应

俗话说："物以类聚，人以群分。"现实生活中，我们可以发现，很多荣辱与共的好友、相濡以沫的夫妻，都是具有共同的性格等特征的，因为从心理学方面来讲，人们更容易对和自己特征相似的人产生好感。而同时，我们也不难发现，一些性格差异大或是其他特征几乎完全相反的人，也能够建立良好的关系，形成深厚的情谊。之所以出现这种情况，是因为"互补定律"的作用。一些兴趣、性格、特长等方面存在差异的人，当他们彼此发现自己所缺少的东西正是对方所拥有的长处之时，彼此间会产生强烈的吸引力，从而建立亲密关系。

文文和男朋友志军是在大学里认识的，两人从大一确立恋爱关系到现在，已经有 5 年时间。志军毕业后，一直致力于创业，他想等自己小有成绩后，再向文文求婚，免得文文跟着他吃苦。而文文一直没有提出结婚，是因为她一直受到其他声音的影响，有些犹豫不决。

眼看着自己岁数越来越大，志军的事业也有了规模，文文寻思着该把婚事提上日程了。为了解决心中的疑惑，这天，她下班后来到父母家，和母亲作了一番长谈。

“妈妈，我知道志军很爱我，我也很爱他，可是我总是下不了决心嫁给他。我和他的性格实在是太不一样了。他整天热情似火，对什么都看得很开，可是，您也知道我的性格……我们有时吵架，都是因为我们兴趣不同、性格差异也大。有时候我想想，真想不通当初怎么会对志军一见钟情，我们明明差别那么大呀！小惠总劝我，说夫妻还是志趣性格相似的好，她跟明锐就是这样，两个人感情可好了，从来不吵架。我看过一个调查报告，专家也说更多的夫妻都赞同志向性格相似的男女结合。妈妈，您说我该怎么办？”

“傻孩子！”妈妈假意嗔怪了文文一句，说道，“我说你们俩拖了这么久你也不着急，敢情是你自己在胡思乱想。性格、兴趣都差不多的人在一起当然是好事，但也不能说性格相反的人在一起就不合适啊！你看我和你爸爸，典型的‘相反型夫妻’，这些年不是都挺好的吗？我性格内向，在外和人交往时，你爸就帮我多说两句。你爸做事粗心，东西乱放，我就经常替他把东西分门别类地整理好，让他想用的时候立刻能找到。我花钱细，家里小打小闹的东西就我做主来买。你爸能拿准主意，家里遇上什么事，就让他当家。这不是挺好吗？你们俩吵架，不是因为性格不合，我看啊，肯定是你这孩子又得理不饶人，跟志军闹别扭。再说了，男人就是个大孩子，志军小小年纪已经有了这样的修养和成绩，已经很好了。只要他爱你，只要你们俩懂得相互间取长补短，那以后的日子啊，就让别人羡慕死吧！”

我们可以想见，文文当初会对志军一见钟情，是互补效应的作用。而文文妈妈最后的几句话，可谓一语道破天机。人们在互补效应的影响下相互吸引，而相互吸引后，只有取长补短，相互磨合，才能使互补效应的积极影响得以最大地发挥。

美国心理学家荣格指出，每人身上都有“显性”和“影子”两种人格，即除了在外人面前表现出来的显性人格外，还有一种与其相反的藏在心中的影子人格。如显性人格为抑郁型的人，影子人格就是开朗型。荣格还表示，当一个人看到具有他影子人格的别人时，会十分喜悦，并为之吸引，因为每个人都有一种全面发展，完善自我的追求。那么，在人际交往中，我们又该怎么做，才能抓住机会，和那些与我们有着差异的人形成互补呢？

1. 不要试图改变他人

每个人的性格、兴趣等是不同的，我们也正是因为这些差异，才会想要与对方交往，形成一种能够带来互惠的互补效应。但我们要切记的是，尊重对方，不可强求使之改变。在这个交往的过程中，我们需要并且应该改变或是克制的，只有我们自己。想要形成互补，我们首先要做的，是让自己跟上对方的脚步，而不是等着对方来迁就我们。

2. 取长补短是互补的真谛

我们想要形成互补，究其根本是希望彼此间能够取长补短，携手营造成功。这就需要我们能正确认识彼此的长处和短处，在共同的工作和生活中扬长避短，互相帮助，精诚合作。如上文中的文文父母，就是通过相互间的取长补短，打造了一段美满的婚姻。

3．避免矛盾，及时沟通

因为彼此间存在差异，所以在相处或合作中难免产生矛盾。这个时候，需要我们及时发现问题，彼此之间多作沟通，求同存异。只有大家及时挑明问题，相互理解，相互包容，才能取得共赢的局面。

生活中，我们每个人都不是完美的，人们的能力、性格、兴趣等也都存在着差异。因此，当我们遇到能够和自己产生互补效应的人，应当把握机会，与之建立良好的关系，在共同发展中寻求自身的进步和完善。只要我们能够切实掌握并合理运用，互补效应带给我们的，不仅是一位位提供帮助的良师益友，还有事业和生活等多方面的成功和美满。

人人都会“中招”的南风效应

“南风效应”又被称为“温暖效应”，这个名词出自法国作家拉封丹一则寓言。寓言中写道：北风和南风比威力，看谁能把行人身上的大衣吹掉。北风先上场，它鼓足了劲，对着行人一阵猛吹，冻得行人裹紧了大衣，北风累得气喘吁吁也难以得逞，只得以失败告终。而南风则轻柔地吹拂着行人，行人不一会儿就满头大汗，主动脱掉了大衣。南风取得了比赛的胜利。后来，心理学家根据这则寓言，将人们这种以温暖的行为达到目的的方式，称为南风效应。

小明是学校有名的“捣蛋鬼”，老师和家长拿他都没有办法。因为调皮，刚升四年级的他已经气哭了十几个老师，还气跑了三个班主任。每次重新分配老师，全校老师都唯恐自己被分到小明的班级。家里更不用说，爸爸为了“教训”小明，已经“用”断了好几条扫帚，妈妈也重新“换”了好几双拖鞋。

这次，为了捉弄新来的班主任，小明竟然学习电影里的情节，将一个沾满粉笔灰的黑板擦半悬在门上，老师推门而进时，结果可想而知。校长再次找来了小明的爸爸，说话时的脸色是从未有过的严肃："请容许我说一句，学校方面，对于小明的教育并没有丝毫的懈怠。以前给他们班分配的老师，都有着丰富的教学经验，对小明也是试过了各种方法，可是从不奏效。这次原本想换个新毕业的大学生，有冲劲，或许能带来一些改变。可是，年轻人心气高，脸皮也薄。现在，这位老师被气得告假了，教导主任劝了好久也不见效。如果孩子还是这么顽皮，您看……"

回到家后，小明爸爸独自沉思了很久。直到小明放学回来，他还待在客厅一动不动。小明早已听说学校又请了家长。他耸了耸肩，自己去拿来扫帚递给爸爸，然后站在原地等待着即将到来的狂风暴雨。

但爸爸却没有动手，他扔了扫帚，叹了口气，让小明坐下，然后伸手摸了摸小明的头。"孩子，过去都是我们不对。"见小明惊讶地瞪大了双眼，爸爸不动声色，又说道："我小时候总是被你爷爷打，所以自己也觉得棍棒底下出孝子。现在，我知道错了，我跟你道歉。"

这时，小明已经从惊讶变为震动，他低下头，双肩颤抖着。爸爸知道他在忍着眼泪，于是又开口道："你跟我不一样，我小时候笨，你爷爷说的道理我听不懂，所以爷爷只能打我，我疼了，才能强记那些话。可是，你是多么聪明的孩子，我应该一早就想到，跟你说道理，你一听就懂，根本不该再打你。"

爸爸说到这里，小明已经哭出声来，不停揉着眼睛。爸爸接着说：“孩子，今天我认识到错误了，希望你也能认识到错误。从今以后，咱爷俩儿一块改，好吗?”小明并没有说话，只是一个劲儿地点头，后来更是扑到爸爸的怀里痛哭流涕。

从此以后，小明就像换了一个人，不仅不再顽皮，还变得热爱学习，团结同学，尊敬师长。老师们在高兴的同时，也佩服小明爸爸的教育能力，经常找小明爸爸“取经”。同学们问小明为什么改变这么大，他总是笑着说：“因为那天爸爸给我认错，还夸奖我，抱了我。”

通过这个故事，我们可以看出南风效应的威力。如果小明的爸爸还似以往那样一顿暴揍了事，那小明很可能会继续胡闹下去，甚至更加顽劣。正是因为爸爸的春风化雨，和蔼亲近，才让小明在温暖中获得了改变的力量。

在日常生活或工作中，我们经常可以发现，一个平和友好的微笑，带给我们的效果往往胜过一次费时费力的大动干戈。因为从心理学的角度来说，人类最高层次的需求就是得到爱与尊重。每个人都想要得到别人的肯定和赞赏，得到别人积极的评价。而给人温暖的南风效应，恰好满足了人们想要获得尊重的需要，使人感到舒适惬意。俗话说“投桃报李”，你给人舒服，别人会还你畅快。因此可以说，南风效应在人际交往中有着极其积极的影响。那么，我们在现实交往中，又该如何运用南风效应，让它助我们一臂之力呢?

1. 常说温言细语，避免恶语伤人

我们常说“忠言逆耳”，真正的朋友和明白事理的人，会知道这些逆耳之言的良苦用心。但没有人真的喜欢整天听着这些刺耳的言论。就算是忠言，也完全可以换个方式来表达，来诉说。通常情况下，人们更愿意与言语温和的人沟通，而不愿去说话尖锐的人那里“自找难堪”。

2. 多帮人，少求人

我们在与他人的交往中，应尽量做到在力所能及的范围内主动帮助对方。如果对方还没有开口便获得了你的帮助，那么他会因此更加感激你，因为你不仅帮他解决了困难，还替他免去了开口求人的尴尬。同时，我们最好也要少求人。这里说的少求人，不是不求人。但若你一直难以给对方帮助，却总是在各个方面向对方求助，那么对方总有一天会厌烦你，与你分道扬镳。在帮人和求人之间，有一个需要我们把握的度。

3. 让对方拥有“存在感”

人人都有被别人需要、重视的心理需求，这是一种人类精神层面的追求。在人际交往过程中，尤其在众人面前，我们应尽力做到不忽视每一个人，不遗漏每一个角落。当你让别人觉得你重视他、尊重他时，别人会感到你十分亲切，并愿意与你深交。

常言道：“良言一句三冬暖，恶语伤人六月寒。”我们在人际交往中，多给别人一些温暖，多给别人一份帮助，多给别人一份关注和尊重，可以收获意想不到的效果。坚持南风效应的几个原则，能让我们和朋友更加亲密，和同事更加友好，甚至能让我们和“敌人”化干戈为玉帛，成为新的伙伴。

社交中防不胜防的投射效应

我们在日常生活的人际交往中，有时会犯下这样的错误：有些人心里善良，因此相信别人也是善良的，不做考虑就信任任何人，最终上当受骗；有些人惯于算计，于是总觉得别人也在算计他，整日疑虑重重，搞得人际关系一团糟，自己也身心俱疲。这些，都是一种认知障碍。在心理学上，这种心理行为有一个专有名词：“投射效应”。总的来说，投射效应就是指人们在对他人形成印象时，将自己的某些特征投射到他人身上，以为对方某些特征和自己相似的一种推己及人的心理。

关于投射效应，这里还有一个小故事：

相传，宋代大文学家苏东坡和僧人佛印是好朋友，两人经常在一起参禅论佛。这天，两人又在一起聊天。苏东坡一时兴起，问佛印道：“大师你是慧眼，那么在你眼中，我像个什么呢？”佛印回答说：“在贫僧看来，施主是我佛如来金身。”

听了朋友如此高的评价，苏东坡十分高兴。接着，他看到佛印坐在那里胖乎乎地，便眼珠一转，又问佛印道："大师，你知道在我眼里你像个什么吗？你像极了一堆牛粪！"说完，苏东坡哈哈大笑，而佛印并不分辩，只是微微一笑。

回到家后，苏东坡得意扬扬地将这件事告诉苏小妹，本以为能换来小妹的赞叹，没想到，只看到小妹的冷笑。苏小妹冷笑完，说道："佛家说见心见性，你心中有什么，眼里看到的就是什么。佛印看你像如来金身，说明他心中有的是佛；你看佛印像牛粪，这说明了什么？你心中有的又是什么？"

苏东坡听了，这才知道自己在这次"交锋"中又被佛印"打败了"。

我们常说投射效应是因为自己心中的意愿，所以想当然地以为对方如何如何。而这个故事中，佛印"打败"苏东坡的"方法"，则是投射效应的反向应用：苏东坡看见牛粪，是因为他心中就是牛粪。在苏小妹的点醒下，苏大才子恍然大悟，但最终也只能乖乖认栽，吃个哑巴亏。

我们每个人都有自己的判断标准，但是，在现实的人际交往中，我们往往会因为各种各样的"效应"而对交往对方产生带有偏差的印象。其中，投射效应也是影响我们判断的心理效应之一。它使我们的判断出现失误，有些时候甚至会给我们带来不良影响。因此，我们需要正确认识投射效应，并在它开始影响我们判断的时候有意识地纠正这一认知障碍。那么，通常来说，投射效应都表现在哪些方面呢？

1. 相同投射

我们在与初始之人或不熟悉的人交往时，因为彼此不够熟识，所以很容易发生相同投射效应，我们经常会在不知不觉中作出有偏差的判断。有个笑话讲有个人很爱吃芹菜，他就以为所有人都喜欢吃芹菜，于是每次朋友来做客时，他都做一桌子的芹菜招待人，导致后来没人再敢去他家做客。产生这种现象，就是因为判断方没有将自己和对方的差异区别开，将两者的一切特征混淆了。

2. 愿望投射

这种投射是指将自己的主观意愿强加给对方的投射现象。比如，一个很会交际的人，在遇到一个陌生人并与之交流后，内心会自我认为对方一定很乐意与自己继续交往下去并建立深厚的友谊。此时，即便对方在交流中一直沉默不语，他也会认为对方这是认同自己的表现。

3. 情感投射

通常情况下，我们看着自己喜欢的人，会觉得越看越喜爱，对方的优点也不断增加。而对于自己讨厌的人，会觉得越看越讨厌，对方的缺点渐渐多得数不胜数。因此，我们在有些时候，会对自己喜欢的人过度吹捧，而对自己讨厌的人过分指责甚至毁谤，这就是情感投射。在情感投射的影响下，人们会将自己的感情投射到自己喜欢或讨厌的人或事上，对其进行美化或丑化，从而失去了客观性，导致自己的判断产生偏差。我们常说的“情人眼里出西施”，就是情感投射的作用。

投射效应使我们主观地、戴着有色眼镜去判断别人，使我们在人际交往中遗失了公正客观的原则。这不仅会在很多时候对我们的社会交际产生不利影响，还可能使我们与事业、生活上的成功失之交臂。过于严重的投射效应影响，不仅让我们无法正确地了解别人，甚至会让我们无法正确认识自己。

想要克服投射效应的心理倾向，我们就要保持理性，时常提醒自己注意潜意识和思维惯性对于我们内心的影响。其后，我们可以通过角色互换、进一步沟通等方法来杜绝投射效应带来的认知障碍。我们只有克服了投射效应的影响，才能更好地建立人际关系，更加清晰地认识世界、认识自己。

快速拉近关系的自己人效应

人与人在日常交际中，彼此之间会相互影响。而在这个相互影响的过程中，有些人会利用一些交际技巧刻意加强影响的作用，以便使双方的关系更为融洽。而心理学上说的“自己人效应”，就是一种刻意加强影响的技巧。

这里说的“自己人”，就是指主动的一方将被动的一方与自己归于同一类型。自己人效应，则是说在通常情况下，人们对于自己人更有好感，更加信任。自己人效应广泛地应用于社会生活各个方面。例如，老师在教导学生时，如果能够利用好自己人效应，和学生拉近心理距离，那么往往可以收到事半功倍的效果。

君豪是个帅气开朗的小伙子。在师范学院的学习生涯中，他不仅圆满地完成了本专业的课业，还自修了许多心理学的课程。毕业后，他如愿被分入家乡一所重点中学，开始了教学工作。由于他教学水平高，性格开朗大方，对待学生也随和亲切，因此他刚到学校两个月，就成了学校师生都喜爱的人物。学生们有什么心里话，也愿意向他倾吐，听听他的意见。眼看着还有两个月就要中考，君豪班上的俊磊却出现了问题。原本他的成绩在全校数一数二，可接连两次模拟考试，他都下降至年级百名开外，有时甚至还有个别课目不及格。君豪原本以为是俊磊临场发挥出现问题，所以没有深究。但第三次模拟考试的失利，让君豪重视起来。通过两天的观察，他发现，俊磊总是偷偷地瞄班里容貌身材都出挑的张婷婷，并且一看就是半天，直到张婷婷发觉有人盯着自己，转头寻找目光时，俊磊才慌忙地闪开自己的双眼。

看到这里，君豪心中有了数。放学后，他留下俊磊，先带着他在篮球场上比了一会儿投篮。待学校里四下无人时，君豪便开口了："怎么样，运动一下，一天的疲劳顿时就消失了吧？你们现在学业压力重，但也要注意劳逸结合。平时打打球，散散步，能放松神经，让你们觉得没那么辛苦。对了，没想到你小子球打得还不赖。一定是为了吸引女生注意，自己偷偷苦练的吧？我上中学那会儿，篮球打得可好了，吸引了不少女孩儿的目光。不过，我心里喜欢的那个女孩，她却一直欣赏那种斯斯文文的'眼镜男'，真是让我十分头疼啊！"

说到这里君豪停了下来，看着俊磊欲言又止的样子，拍拍他的肩头："我知道你的心思，你放心，这是我们之间的秘密。其实，堂堂男子汉，喜欢个姑娘有什么好害臊的？你们这个岁数，正是对异性有好感的时候，这是青春期性萌动的正常反应，没什么好害怕的。"

见俊磊听得频频点头，不再面露羞涩和戒备，而是认真地听着每一句话，君豪便话锋一转，说道："我真希望看到你俩在同一所重点大学里牵起对方的手啊。虽然上大学并不一定是唯一的出路，但不可否认，大学会让我们的道路更宽，更平坦，对吗？张婷婷的成绩一直很好，照这样下去，她将来是能考上一所重点大学的。那么，你说，咱是抹着眼泪看别人在大学里牵起她的手啊，还是自个儿冲上去握住啊？"接着君豪又谈了谈自己对于早恋的种种看法，帮助俊磊解开了心中的烦恼。两个月后的中考，俊磊不负众望地考入省重点高中，并且是以全市状元的身份。

我们不难想见，如果君豪和俊磊聊天时拿出老师的身份，用学校的种种纪律条款强迫俊磊改正，那么最终结果很可能事与愿违。正是因为君豪在谈话之初先应用了自己人效应，获得了俊磊的好感和信任，才能让俊磊愿意倾听后面的道理，愿意相信君豪是和他站在同一战线上的，君豪的想法最贴近他的实际情况，君豪的建议最能解决他的问题。自己人效应的威力，由此可见一斑。

心理学家通过研究发现，人人都希望自己有所归属，因为人们都惧怕寂寞。群体归属是人类的生理和心理两方面的需求。因此，一旦我们在人际交往中，给予对方归属感，即让他觉得我们是"自己人"，我们便很容易进入他的内心，与之建立良好的社交关系。那么，在实际应用中，我们又该如何掌握自己人效应的应用呢？

1. 让对方认识到你们的一致性

人们在交流时，只有双方具有一致性，才能产生自己人效应。这就要求我们有所依据，让对方切实地感受到彼此之间具有一些相同的特质、共同的追求等。双方的一致性，是实现自己人效应的基本前提。

2. 与对方处在平等的地位

如果我们在与人交往时，常常摆出一副盛气凌人的架势，那么就很难被人接受。而我们若一味地卑微，不仅你自己心里不会痛快，别人也不会尊重你。交往中的双方只有处于平等地位，才能拉近彼此间的距离，相互产生好感和交往意愿。

3. 让对方信任你

信任，是双方进一步交往的前提。我们在与人交往中，必须做到言而可信、言而有信。一个信口雌黄的人，不会获得别人的好感；一个言而无信的人，更难以获得长久的、真挚的友谊。

4. 具有优良的品质

一个人只有拥有了良好的道德品行，才能成为大家都喜爱的人。试想，一个卑劣龌龊的小人，即便到处和人称兄道弟，不分彼此，又有谁愿意与之为伍，愿意和他成为自己人呢？我们想要结交君子，首先要让自己品质优良。我们想要获得友谊，前提是自己先成为受人欢迎的人。

正如前文所说，自己人效应广泛应用于社会生活的方方面面。我们可以用它来结交朋友、提出建议、劝诫他人、缓和人际关系等。能够掌握好自己人效应的人，在人际交往中可以游刃有余，不仅能轻松地获得友谊，还会受到大家的尊重和信任，成为人们心中的“交际明星”。

第五章

妙巧寒暄，扣开对方心扉

巧妙寒暄，让对方敞开心扉

在某些沉闷的环境里，很多人不愿意开口跟陌生人说一句话，那是出于一种防备和自尊心理，在这种时候，你应该学会如何去激起说话对象的某种情绪，让他慢慢开始滔滔不绝。而这就需要我们多说些积极的话语。因为通常来说，人们在快与不快这两种情绪中，会下意识地选择快乐的情绪。

举个很简单的例子：设想你正在乘着火车，你已坐了很久了，而前面还有很长的一段路程。你想与他人讲讲话，而如果你对对方说："真是一条又长又讨厌的旅程，你是否也有这种感觉?""是的，真讨厌。"对方肯定会这样回答。而接下来，你会发现，无论你说什么，他对你的回应都会是草草应付。这是为什么呢，因为你的开场已经给他带来了不快的情绪。语言可以表现一个人的人格。积极的语言会感染别人，使得他人得到鼓舞和关怀，我们来看看意大利著名女记者奥琳埃娜·法拉奇的一次采访经历：

20 世纪 80 年代，法拉奇打算到中国对某位领导人进行一次专门采访。然而，当时中国刚刚改革开放，在此之前中国与西方世界有着长达几十年的冷战，法拉奇非常担心这次专访不会顺利。于是，在采访前，她翻阅了许多有关采访对象的书籍，在看到一本传记时，她注意到这位领导人的生日是 1904 年 8 月 22 日。于是，她脑海中有了些想法。

1980 年的 8 月 22 日，中国某领导接受了法拉奇的专访。

“先生，首先我谨代表我们意大利人民祝福您，祝您生日快乐！”法拉奇十分谦逊有礼地说道。

“我的生日？我的生日不是明天吗？”领导说道。或许是工作太繁忙了，他已经忘记了自己的生日。法拉奇这么一说，他自己也糊涂了。

“不错的，先生，今天确实是您的生日。我是从您的传记中知道的。”法拉奇信心十足地说。

“噢！既然你这样说，就算是吧！我从来也不知道什么时候是我的生日。就算明天是我的生日，我也已经 76 岁了。76 啊，早就是衰退的年龄了！这也值得祝贺？”显然，法拉奇的问候已经让这位领导对她有了好感，所以他不禁和她开了个小小的玩笑。

“先生，我父亲也是 76 岁了。如果我对他说那是一个衰退的年龄，他会给我一巴掌呢！”

法拉奇也和他开起了玩笑。那位领导听后，哈哈大笑。

“他做的也许对。不过，我相信你肯定不会对你父亲这样说的，对吧？”

采访气氛就这样十分融洽而轻松地形成了，接下来便是法拉奇此行的真正目的，她将谈话引入正题，采访在非常愉快的氛围中进行了。

法拉奇之所以能获得成功，是由于她这一番积极的寒暄：76岁对于一个人来说，的确是一个衰退的年纪，但她却巧妙地开玩笑：“我父亲也是76岁了。如果我对他说那是一个衰退的年龄，他会给我一巴掌呢！”很明显，她这一番话营造出了积极轻松的交谈氛围，也消除了与陌生领导之间的陌生感，切入正题就会使事情变得顺利多了，所以她的采访都得到了满意的答复。

那么，什么是积极的语言呢？积极的语言就是能促进彼此交谈，增深彼此友情的带有积极意义的语言，比如说，说话要真诚等。

1. 用有积极意义的语言应对

比如，当你和陌生人说话时，对方对你的态度突然间冷淡下来，这时与其一个人冥思苦想：“难道我说了什么伤感情的话？”不如直接试着问对方：“我是不是说了什么失礼的话？如果有的话请您原谅。”这样一说，即使对方真的有什么不满，心有不悦的话，也会烟消云散。因为你的坦诚已经让他原谅了你。

2. 说话要真诚

由于说话态度不同，语言既可以成为建立和谐人际关系的最强有力的工具，也可以成为刺伤别人的利刃。如果没有发自内心的关怀的心情，即使用再多华丽的语言，也会被对方看穿。所以满怀真诚是最重要的。

3．对方的优点或值得夸奖的地方要立即夸奖

夸奖陌生人，要比赞扬熟人难，因为彼此还不熟识。对此，我们需要细心观察，找出其可赞扬之处。比如，从对方的穿着、打扮、配饰开始："您今天穿的西服颜色真漂亮！"可是，却不能阿谀奉承或溜须拍马，因为对方明白，既然是初次见面，你就说出这么多的恭维话，必定感觉得到你是在溜须拍马，而对你非常反感。所以，一定要说出真情实感。

4．不要说对方不爱听的话

这样一些话题不宜提及：不谈对方深以为憾的缺点和弱点；不谈上司、同事以及一些朋友们的坏话；不谈人家的隐私；不谈不景气、手头紧之类的话；不谈一些荒诞离奇、黄色淫秽的事情；不询问妇女的年龄、婚否、家庭财产等事情；不说个人恩怨和牢骚；不说一些尚未明辨的隐衷是非；避开令人不愉快的疾病详情，忌夸自己的成就和得意之处。这些都是对方敏感的话题，也是禁忌的话题。不说对方敏感的话题是建立和谐人际关系的准则。

使语言不成为"利刃"的最低条件是什么呢？那就是不要说对方不想听的话题。总之，与陌生人说话，多说积极的话语，令对方感到振奋开心，这对于我们成功操纵对方心理，打开交际局面是大有帮助的，这也是我们必备的一项说话本领！

首肯法让你轻松成功

所谓首肯法，顾名思义，就是首先肯定他们的谈话，对他人表示尊重和理解。尤其是在面对陌生人的时候，首肯法更是能够帮助我们给他人留下好印象，从而为我们与他人关系的良好发展奠定基础。

当然，首肯法也不能过于直白，而是要顺其自然、不露痕迹地表示对他人的肯定。举个最简单的例子，假如当对方正在说连自己都不确定的很多言辞，那么你却毫不犹豫地对他表示肯定和赞赏，那么他在怀疑你智商的同时，也一定想不通你为何要这样对他毫无原则也不负责任地进行夸赞。渐渐地，他甚至还会怀疑你的人品，觉得你只会拍马溜须。相反，当对方说得很对时，我们要抓住机会表达对对方的肯定，也向对方表明我们完全理解和接纳他们的看法，也很认可他们的做法，并且迫不及待想要继续听他们讲述。这样一来，对方受到我们的肯定和激励，自然会更进一步往下谈。

其次，在倾听他人讲述的过程中，我们如果对他人表示肯定，那么就可以缓慢而又大幅度地点头。这样一来，表示我们对他们说的话完全认可和理解，而且会使对方觉得我们很理解他们的心情，也已经全盘接纳了他们的各种观点。毋庸置疑，他人受到我们这样的鼓舞之后，必然谈兴愈加浓厚。

这两种方法都是首肯法的小技巧，虽然我们做起来可以不露痕迹，也可以装作漫不经心，但是却能够给予对方极大的肯定和鼓励。试想，当我们一边说话一边得到他人的肯定和赞许，难道我们不会更加激动地讲述自己的更多想法和感受吗？最可怕的就是听别人说话，但是却毫无反应，更没有积极地回应，这一定会使谈话者感到枯燥乏味，甚至根本没有欲望把话继续说下去。

作为一个顽皮儿子的爸爸，张富的爸爸又被老师“请”到学校去了。老师简直对顽皮的张富毫无办法，也被气得够呛，因而一看到张爸爸，老师就马上迫不及待地抱怨：“张爸爸，我真的对你家的张富无计可施，要是能辞职，我真想辞职了事。”张爸爸听后，马上点头表示附和：“老师啊，我和你有一样的感受，要是爸爸可以辞职，我也真想辞职不干了。但是我辞不了职，所以我只能继续硬着头皮管教他，还寄希望于随着年岁增长，他能不要再让我这么操心。”听到张爸爸的话，原本怒火中烧的老师不由得消了气，扑哧一声笑了。老师说：“我一个小小的老师都辞不了职。你作为爸爸，只能和张富继续纠缠啦。”

接下来，老师开始绞尽脑汁地和张爸爸一起想办法，看看如何对付张富才能够更加有效。当然，在对付张富方面，老师因为是老师，也因为接受过专业的心理学学习，更因为和那么多调皮的孩子都接触过，所以老师好歹比张爸爸多一些好主意。在老师的循循善诱下，张爸爸时而缓慢地点头。老师不由得心生安慰：好歹张爸爸还是听懂了我的话，希望他回家之后能够好好配合我们老师的教学和教育工作吧！

就这样，张爸爸因为善于运用首肯法，居然把老师的一场火山喷发消散于无形。实际上，没有人希望自己在一开口说话的时候就被人否定，大多数人都喜欢听好话，喜欢听他人肯定自己的话。为此，首肯法在与陌生人交流时效果显著，屡战屡胜。

虽然首肯法在人际交往中并非是多么重要的方法，也没有很大的技术含量，但是包括首肯法、眼神交流和简单附和等方法，却都能以最简单的方式博得最好的交流效果。当我们毫不吝啬对他人进行肯定时，他人也必然以信赖回报我们，这样我们不管是展开说服还是展开人际交往，都能马到成功。

亲切让寒暄显得更自然

称呼，是人与人之间在交往中一方对另一方的称谓。虽然，在平日的生活中，我们并没有过多地重视称呼的变化，但实际上，善于称呼才能为你赢得好感。在我们日常交际中，称呼是一种很友善的问候，也是人与人之间交往的开始。中国自古就是一个文明的国家，逐渐形成了一种文明规范的礼貌称呼，当然，也有在朋友之间的昵称或者绰号。因而，在某些时候，怎么称呼别人，成了一件很讲究的事情。如果你能够称呼恰当，会让对方感到很亲切，也能够帮助你在人际交往中如鱼得水，事半功倍，给对方留下一个良好的印象。相反，如果你称呼得不恰当，往往会惹得对方不快，甚至产生恼怒情绪，这样也会使双方的交流陷入尴尬的境地，导致交流失败。

“伟明，我们班明天上午第一节课需要教导处安排一下，谢谢你了！”

“海大哥，明天我试教，麻烦你来听一下，多提宝贵意见噢。”

“阿坤，我们班的阳光指数好像有些出入，我想和你讨论一下。”

“萍大小姐，今天下午 1 点，少儿频道来采访你们班的‘道德银行’，你准备一下。”

这些天来，不断地在办公室听到这样的称呼。被称为萍大小姐的方萍老师笑言：“刚开始时还觉得不习惯，可后来才发现这样的称呼挺有意思的，比以前的直呼其名亲切多了，我们在这样一种轻松的氛围中愉快地工作，连工作效率也提高了不少。”

在小学教育集团的校园里，出现了这样的现象，不论是打招呼，或者是公务往来，许多老师之间不再直呼其名，取而代之的是更显亲切的别样称呼。这种变化是自从新校长来了之后开始的，当校长亲切地称呼老师的时候，让老师们感觉好像一家人一样，老师们做起事情来也更显主动。

俗话说：一滴水里见太阳。当你置身于一个校园，听到下属与上司之间彼此的称谓，就可以知道这所学校的文化及员工之间的关系大概如何了。从直呼其名到别样称呼，看似不经意的改变，却让置身于其中的人感到无比的亲切，提高了工作效率，增强了集体荣誉感，也和谐了领导与下属、同事与同事之间的关系。

那么在一个集体里，我们要怎样称呼他人才更友好呢？

1. 不可直呼其名

一直以来，西方主要以直呼其名为称呼的方式，但对于一直主张文明礼仪的中国，这样的称呼方式并不恰当。也许，有的人觉得只要不是自己的父母长辈，只需要以直呼其名来称呼他人了，这样也给自己省去了不少麻烦。殊不知，即便是不怎么熟悉的同事，如果你以直呼其名的方式来招呼他人，只会让对方有不受尊重的感觉。所以，对于绝大多数人来说，他们都会在正式的拜访场合或者日常的交际场所，舍弃直呼其名而选取别样的称呼，这样反而会给对方一种特别的亲切感。

2. 到位的称呼

有人会感到不解，什么是到位的称呼？顾名思义，也就是适宜的称呼，但是，这样的称呼首先必须是恰当的，还必须以亲切感为原则。除了我们日常生活中稍微正式一点的“某某先生”“某某小姐”，别样称呼不仅仅体现了尊重的意味，还有别于“先生”“小姐”带来的生疏感，以一种别样的亲昵缩短双方之间的距离。所以，舍弃直呼其名的称呼方式，选取别样的称呼，这样会让你在复杂的人际交往中轻松应对。

3. 带点亲昵的称呼

以中国人传统的礼仪，许多人觉得“长幼有序”，而彼此熟悉的同辈之间就可以直呼其名，虽然这样的称呼也是无可厚非的，但是却少了一份亲昵。所以，要想致力于在人际交往中建立融洽的人际关系，就不应该直呼其名，而是选择带点亲昵的称呼，这样在无形之中会拉近彼此的距离，增加亲切感，同时也让寒暄变得更加自然。

如何称呼他人，看似很简单，却是一门不简单的学问。有的人习惯以“请问是某某吗”或者客气地说“某某，您好”，这样直呼其名，一下子就拉开了彼此之间的距离，而且直呼其名也显得很不尊重。那么，这时候，我们就需要以别样称呼来代替直呼其名，如此恰到好处的称呼会让我们的寒暄听起来更加贴切自然，而所产生的交际效果也是意想不到的。

在交流中传递使人印象深刻的信息

很多人即便与人交谈时说了很多，也无法取得最终的效果。究其原因，是因为他们缺乏有效表达的能力，因而虽然说起话来滔滔不绝、口若悬河，但是却全都没有说到点子上，这样一来别人必然对他们的话丈二和尚摸不着头脑，也就对与他们的沟通彻底失去兴趣。

在面试员工的过程中，招聘者除了考察应聘者各方面的能力之外，更是对应聘者的语言表达能力非常重视。现代职场哪怕我们不是专业的讲师或者从事推销工作，也依然需要表达和沟通能力，即与人交流的能力。试想，假如招聘者根本听不懂应聘者在说什么，他还敢聘用这位应聘者吗？从这个角度而言，能够成功表达自己的意思，与人顺畅的交流，对于人生的职业生涯发展也至关重要。

很多人之所以说话艰难晦涩，让人根本听不懂，也许是因为他们自身的表达能力欠缺，也许是因为他们过于重视他人的反应，所以才会导致自己完全打乱谈话的思路。毋庸置疑，每个人在表达的时候都渴望他人能够清楚自己的意见和观点，也希望他人对于自身是怎样的人有准确的了解。正因为如此，他们才过于重视听话者的反应和期待。然而说者滔滔不绝，听者却根本跟不上说话者的节奏。这种情况下，听者露出懵懂无知的神情，说话者则因为思绪混乱，导致说起话来更加茫然无绪。其实，说话的多少和长短并非是最重要的，最重要的是要在说话过程中留下最重要的信息，也是最便于听话者记忆的信息。这样，听话者才能完全听懂我们的话。当然，这里还要避免一个误区，即有些人觉得只有言简意赅的话才是方便让人记忆的，其实不然。很多时候言简意赅的话因为过于抽象，反而不容易记住，反倒是那些生动形象的话，就算是有些长，也能让人更方便地记忆。

最近，爸爸妈妈正在逼着青青相亲。的确，青青已经过了三十岁了，在父母眼中女孩子过了三十再不结婚，就会成为彻底的剩女。为此，盼着青青早日结婚的爸爸妈妈再也沉不住气了，一到周六周日就逼着青青相亲。看到爸爸妈妈着急的样子，虽然青青发自内心地抵触相亲，却也不得不按照父母的意愿去相亲。

周五晚上，大姨来到青青家，拿出一张男人的照片。照片上，男人看起来还不错，长得中规中矩。青青不讨厌，因而问大姨："大姨，他人怎么样啊？"大姨笑着说："他呀，可是非常优秀，还是海归呢。"青青显然对大姨的回答很不满意："大姨，既然他是你的同事，你就不能跟我说得更加详细些吗？"大姨明显感觉到青青对对方有兴趣，因而更加仔细地说："他三十五岁了，身高目测一米八以上，长得浓眉大眼的。他总是笑眯眯的，头发每天都干净清爽，从不像很多男人一样油腻腻脏兮兮的。他的衣服也很干净清爽，最重要的是他说话温文尔雅，我保证你肯定会满意的。”听了大姨的这番描述，青青情不自禁地在脑海中勾勒出对方的样子，甚至对于次日的相亲约会有了小小的期待。

大姨第一次对青青的这个相亲对象描述得过于简单，虽然很精练，但是却因为过于抽象，无法给青青留下形象的印象。在第二次进行介绍时，大姨的描述明显更加详细，而且绘声绘色，很快就在青青心里勾勒出相亲对象的样子，因而给青青留下了深刻印象。毫无疑问，大姨第二次用来描述那个男人的语言，就是能够帮助青青有效记忆的语言。

在与他人交流的过程中，每个人都希望自己说出的话能给他人留下深刻的印象。然而，要想让语言深深地印刻在他人心底是需要技巧的。即尽量少说抽象的话，而是把话说得生动形象；尽量少使用抽象难懂的词语，而要把自己的亲身感受更加详尽具体地描述出来。这样他人才会把我们的话融会贯通，也更深刻地领会我们的表达。

从第三者角度发表见解，更值得信赖

很多人在与陌生人交流的时候，总是不知道该说些什么话题。前文我们列举了一些基础话题，实际上如果实在无话可说，也可以从第三者的角度发表见解，由此引发讨论。常言道，谁人背后无人说，谁人背后不说人。虽然背后议论别人是不好的，但是我们以第三者的言论作为切入点，从扯闲篇开始与他人交谈，各抒己见，并非是在背后议论他人短长，也根本不涉及道德问题。

毫无疑问，第三者说了什么对于我们其实无关紧要，我们最重要的是以第三者的话作为切入点，而不是针对第三者所说的较真或者是深入挖掘。每个人在背后都难免会议论他人，尤其是当第三者说的话与我们不相干的情况下，我们也就更加能够放松交谈，各抒己见。退一步而言，就算第三者说的话真的和我们有关系，只要我们能够做到自我解嘲，或者自我调侃，也能够成功化解尴尬，从而使我们与陌生人之间展开轻松愉悦的交谈。

现实生活中，很多人都特别在乎他人对自己的评价。每个人都很忌讳他人在背后说自己的不好，还会因此变得神情沮丧，灰心绝望。与此恰恰相反，假如我们能够从谈话对象的口中听到第三者对我们的赞美，那么我们一定会沾沾自喜，甚至喜不自禁。当然，我们也可以是那个说出第三者的赞美给他人听的人，所谓“赠人玫瑰，手有余香”，虽然赞美他人的并不是我们，但是我们却是赞美的使者，因而他人也会对我们心怀感激。

大学毕业后，豆豆留在大学校园里当了教学辅导员，当然，那些资历很深的大学教授们都对豆豆不以为然。毕竟豆豆刚刚大学毕业，而且还没有走出校园，对于豆豆而言也只不过是转换了角色，其实每天的生活还和之前差不多。

很多老师都觉得豆豆还是个黄毛丫头，因而对豆豆总是低看一眼。豆豆呢，突然和以前的老师坐在一起办公，也有很多不适应。为此，她决定先发制人，先站稳脚跟，再慢慢谋求发展。一天中午，豆豆故意在与办公室主任张老师要好的乔老师面前说：“乔老师，整个办公室我最佩服的人就是张主任。看看，学生那么多的问题，他都能一一解决，而且还能让学生对他竖起大拇指。近来我当了辅导员，才知道学生工作是多么难做，尤其是现在的大学生太有主见，很难降服。张老师还说，我必须要经过十年的历练，才能真正做好学生工作。对了乔老师，您以前也当过辅导员，有什么真经可以传授给我吗？万分感谢啊！”果然，听到豆豆的话，乔老师笑着说：“哈哈，学生工作的确难做，但是未必需要十年。曾经啊，张老师也这么说我，只可惜我只当了几年的辅导员就考研，留校任教了。”豆豆马上表现出对乔老师的崇拜说：“乔老师，您太厉害了，我要向您学习。要是我也能像您一样就好了。”就这样，豆豆和乔老师相谈甚欢。后来，乔老师无意间和张老师说起豆豆对他的仰慕之情，张老师也对豆豆留下了好印象，还经常特意关照豆豆呢！

豆豆可谓一箭双雕，她在同样当过辅导员的乔老师面前说起张老师说的话，引起了乔老师的共鸣，所以和乔老师相谈甚欢。她又当着乔老师的面说张老师好，这样当张老师得知豆豆在背后赞美自己，自然也对豆豆心生好感。

每一位学生一旦从大学校园里毕业，走上社会，就会发现人生突然变得不同。人与人之间的关系非常复杂，有的时候一句漫不经心的话，就有可能使人心中产生微妙的改变。所以作为职场人士一定要谨言慎行，也要尽量与他人搞好关系。如果一时之间找不到合适的话题可以交谈，以第三者的言论作为切入点下手，也是很不错的选择。

附和也要做到有章可循

附和的力量是很强大的，虽然这样，但依然有很多人根本没有意识到附和如此重要。很多人因为不能恰当地附和他人，导致无形中得罪人，也有些人因为不知道附和的重要性，因而失去千载难逢的好机会。既然附和如此重要，难道我们应该无条件地附和他人吗？当然不是，附和也要符合一定的限度，也是要有章可循的。

附和他人当然是想收到良好的效果，但是良好的效果并非唾手可得。首先，附和他人时，我们要让附和的语言变得丰富，而不要说来说去就是那简单的几句话，甚至是几个字。否则，当他们觉得我们的附和缺乏诚意，也毫无新意，他们一定会对我们心生不满，与我们的交谈也会遇到障碍，无法顺利进行下去。现实生活中，很多人不管他人说什么，都只会以“嗯”“哦”“啊”等作为回应，让人感到很乏味。其实，诸如“真的吗”“居然这样啊”“简直让人难以置信”之类的语言，也可以起到良好的附和效果。

其次，对于对方正在说的话题，为了表示我们的浓厚兴趣，我们一定不要只顾着听，而忘记附和和回应。尤其是当对方说到紧要关头故意停顿的时候，我们更是要当即表示我们对他们讲话的认同。虽然倾听很重要，但是很多时候只付出耳朵倾听是远远不够的。我们唯有让对方感到我们对他们的倾诉兴致浓厚，而且我们也正在随着他们的讲述心潮起伏，他们才会更有兴趣继续讲述下去。

老宋是个慢热的人，不管做什么事情，他都稳重有余，激情不足。一天晚上，妻子和老宋说起要送孩子去幼儿园的事情。因为已经亲自看过幼儿园，所以妻子很兴奋，再加上一想到自己即将从带孩子的工作中解放出来，妻子更加滔滔不绝。然而，等到妻子说了有好几分钟之后，却发现老宋没有任何反应，只是瞪着眼睛看着电视，妻子突然觉得兴致索然，而且心中升腾起一股怒气："你到底有没有在听我说话？难道孩子是我一个人的吗？如果你不发表任何意见，那么就取消掉这家，接下来由你去给孩子选幼儿园。"老宋如梦初醒，瞪着一双无神的大眼睛看着妻子："我在听啊！"妻子更加气结："你在听？你一点反应都没有，真的在听吗？真是懒得跟你说话！"

就这样，一个原本愉快的夜晚，就因为老宋不知道附和，导致妻子非常生气，整个夜晚也变得非常沉闷。

很多时候，不知道附和他人，意味着对他人的讲话不懂得尊重，甚至使他人怀疑你根本没有在听他所说的话。不得不说，这的确是使人生气的，因为没有任何人愿意被人忽视。现实生活中，我们在与人交谈时，尤其是在面对陌生人时，一定要学会附和，这样才能向对方传达我们的在乎。

最后，在与陌生人沟通时，如果不知道回应，对方就不会想要继续讲述。假如我们想更多地了解陌生人，就要更加积极主动地回应陌生人，让他们知道他们的讲述已经被我们听到耳朵里，也记在心里了。在这种情况下，我们可以以一些疑问句作为回应，例如问对方“到底是怎么回事”“事情怎么会这样呢”“最终的结果如何了”之类的疑问句，从而激发对方的谈兴，使对方更加兴致盎然地向我们倾诉。这样一来，我们也就有机会更加了解对方的内心，从对方那里得到更多的信息。

也许有些朋友会说，我对他们的话题根本不感兴趣，如何回应呢？只要你想把交谈继续下去，面对对方谈论的你根本不感兴趣的话题，你更要积极回应，这样才能让对方愿意交谈，也才能给予自己更多的机会了解对方。当然，在对方倾诉的过程中你必须要回应，却也不能过多回应，否则就有打断对方说话的嫌疑。如果说对方的倾诉是十分，那么你的回应只需要占到二三分就足够了。朋友们，赶紧把这个黄金比例运用到实际交谈中试一试吧，效果一定会出乎你的意料哦！

第六章

善用提问，洞察真实意图

用自问自答的方式吸引对方注意

在日常交际中，有时候我们自己提问了，并非需要对方来回答，这时候所采用的就是“自问自答”。或许，有人觉得，在沟通中应该不会用到“自问自答”的设问。实际上，在某些特定的环境下，为了引起对方的注意，以自问自答的形式，故意先提出问题，自己提问自己回答，这不仅可以引起对方的注意，而且还能够启发对方有效思考。

康熙末年，太子失宠，储君之位岌岌可危。许多有实力的阿哥们看在眼里，喜在心里，个个都摩拳擦掌，为了争夺太子之位，无所不用其极。他们为了将对手打败，就开始了在各个方面的较量和斗争，争相在康熙面前表现自己的优秀和能干，渴望得到老皇帝的垂青。

康熙四十八年秋天，皇帝前去热河狩猎，由诸皇子皇孙陪同前往。康熙决定将一柄玉如意作为奖品，奖励狩猎表现中最出色者。因为这个如意是当年顺治赐给康熙的，一直是乾清宫里的镇殿之宝。所以，几个有野心的阿哥都把这当成太子的象征来看待，觉得狩猎获得第一就能获得储君的位置。所以，他们在打猎的时候都使出了浑身解数，都想成为最优秀的一名。

狩猎的结果很快就出来了。那些勇猛善战的皇子们都射杀了数量不等的猎物，其中十四阿哥和十三阿哥并列第一。而八阿哥胤禩却没有射杀一个猎物，只是捕获了 11 只活的。康熙问其原因，八阿哥侃侃而谈："上天有好生之德，儿臣不愿意为了一个如意而杀生，伤了父皇的仁慈之名……"那些素来和胤禩走得比较近的王公贵族纷纷向皇帝称赞八贤王的仁慈，建议把这柄如意赏给老八。

在大臣们的吵嚷声中，年仅六岁的弘历却大声地说："诸位说的这话不对！你们说不忍杀生是慈悲心怀，那么皇爷爷一生射杀了那么多野兽，难道就没有慈悲心怀了吗？……皇爷爷一生射杀了 135 只老虎，132 头野猪，96 只狼，25 只豹，20 头熊，10 只猞猁，还曾经一天之间射死了 310 头猪，其余哨获之鹿不计其数……天生万物本来就是供人取用的，我大清的祖先们以射猎为生，就像中原的汉人以耕田为生一样，都是上天交给我们的谋生之道……那是皇爷爷不忘本，皇爷爷如果没有射杀这么多野兽的本领，就不能平三藩，收台湾，平定蒙古叛乱，创建我大清万世的基业！皇爷爷是我大清的第一巴图鲁！"康熙听到之后，觉得这个皇孙说的话很有道理，顿时龙颜大悦，高兴地对众大臣们说："我这一辈子封过不少人做巴图鲁，没想到，我的巴图鲁称号却是我的孙子给的，还是第一巴图鲁。"康熙在欣喜之下，就把这柄如意赐给了弘历。

“诸位说的这话不对！你们说不忍杀生是慈悲心怀，那么皇爷爷一生射杀了那么多野兽，难道就没有慈悲心怀了吗？……皇爷爷一生射杀了 135 只老虎，132 头野猪，96 只狼，25 只豹，20 头熊，10 只猞猁……”弘历通过自问自答，吸引了对方的注意力，受到康熙的宠爱。康熙二十四个儿子，一百多个皇孙，唯独对弘历格外看重，这和弘历能说话和会说话有着很大的关系。后来，康熙把帝位传给了弘历的父亲胤禛，其中原因，和这位能说会道的皇孙也有着很大的联系。

当然，我们在使用自问自答的时候，也需要注意自己的言辞，是否符合语境。简单地说，你是否可以很好地提出问题和回答问题，如果没有掌握足够的知识，胡乱自问自答，那只会贻笑大方。古人说“腹有诗书气自华”，也正是这个道理。没有知识修养的人，无论有着多么高的社会地位，在讲话之中都会留下笑柄。

在众多提问方式中，自问自答也是必不可少的一种提问方式。通过自问自答强烈地表达了自己的思想与观念，引起对方的注意和思考，同时引出自己想要说的话，起到了承上启下的作用。在实际提问的时候，我们可以将此方法灵活运用，达到自己的目的。

善用设问与反问，能够形成互动

为了提醒、加重讲话内容，引起对方注意，增强语言表达效果，有时需要在沟通中进行自问自答，巧妙运用设问、反问，与对方形成互动，调动他们积极思考问题，激发他们的热情。

设问能够产生悬念，引起人的注意力，引发对方思考。如果设问运用得好，就会使说话极具说服力和感染力，产生让人无法辩驳的说理效果。常用设问，还能帮助讲话者抒发情感，曲折含蓄地表达出某些不便明言的信息。比如有人在说话时这样说道："什么是龙头？龙头就是标杆，就是参照系，任何人都要服从，都要以此为标准，必须将认识进一步统一到这个总的指导思想上来。"

设问的问话，切忌提一些无关紧要、众人皆知或者缺乏震撼力的问题，也不需要问得太过频繁。设问的运用，关键就在于为说话内容设计几个比较醒目、巧妙而又有分量的问题，给听众一种好奇感，激发他们等待答案的期待，然后自己作答，娓娓道来。

反问则是不需要回答的问题，答案就在问话之中，就是对问话的否定。反问的运用，可以表达出非常激烈的情绪，在热情奔放、情绪激昂的场合最适合运用。一连串设计巧妙的反问句，能使说话具有非常大的气势，具有极大的震撼力与感染力，让听众听了之后情绪高涨，热血沸腾。

有一次，拿破仑对他的秘书说："布里昂，你知道吗？你也将永垂不朽了。"

布里昂开始不理解拿破仑的意思，拿破仑解释说："你不是我的秘书吗？"

布里昂明白后，笑了笑说："请问，亚历山大的秘书是谁？"

拿破仑回答不上来，赞扬道："问得好！"

布里昂明白了拿破仑的意思，虽并不寄希望于依靠拿破仑的名气扬名，但是他仍不忘作为秘书对主帅的尊重，所以采用表面请教，实际上采用了反问的方式："请问，亚历山大的秘书是谁？"证明了大前提的不可靠性，也使拿破仑的结论不攻自破。

运用反问能够增强语势，把原来肯定的意思表达得更鲜明，不容置疑，所以，也更容易集中听众的注意力，给听众造成强烈的印象，容易唤起听众的想象和激情，这样的表达方式比正面更能产生力量。反问把答案寓于问句之中，而它所表达的思想内容与句子的表面意思相反：如果语句表面意思是肯定的，那么思想内容则是否定的，反之亦然。

在日常沟通中，如何用好设问呢？

1. 利用设问激发听者的兴趣

即提出一个设问句，紧跟着说一个答句。这种设问，可以快速集中对方的注意力。富有趣味性的设问，往往可以引起听者的兴趣，使其情绪保持在愉快的状态。在实际沟通中，所提问题应角度新颖，富有启发性，可以引起听者的兴趣和注意。

2. 典型的设问句式

除了一问一答，还有几问一答，连续问答。其中，几问一答，即先集中提出一连串设问句，然后集中加以回答，这种设问，可以增强论辩力量，引人深思。比如：啊，是谁，这么早就把那亲爱的令人心醉的乡音送到我的耳畔？是谁，这么早就用他那吱吱哇哇的悦耳动听的音乐唤来了玫瑰色的黎明？是一个青年人。

连续问答，即连续使用一问一答的方式。这种设问，可以造成一种步步紧逼、势不可当之气势，具有强大的论辩力量。

请教式提问可以让你迅速赢得支持

在生活中，我们经常听到诸如“你的手工做得太好了，怎么做出来的，能教教我吗?”此类别具一格的赞美方法，也就是请教式提问。那么，什么是请教式的提问呢？顾名思义，就是针对对方擅长的某些方面，而话语中带着请教的意味，似乎对方的优秀程度已经将其摆在了“老师”的位置上。而大多数人听到请教式的提问，虽然表面上不作声，但其内心却早已经是兴奋异常了。

另外，请教式提问能更容易让对方接受，让对方体验到自己的价值，从而心中产生某种成就感。这样的提问方式大多适用于下属对上级、学生对老师、晚辈对长辈，由于对方身上有自己不具备的一技之长，遂以请教的提问方式表达自己的仰慕之情。在这个过程中，对方往往能在请教式提问中答应自己的请求，或者，他们有可能会主动帮助你渡过难关。

美国的一家化妆品公司曾有一名优秀的“推销冠军”。有一天，他还是和往常一样，把公司里刚出的化妆品的功能、效用告诉顾客，然而，听他介绍的女主人并没有表示出多大的兴趣。于是，他立刻闭上嘴巴，开动脑筋，并细心观察。突然，他看到阳台上摆着一盆美丽的盆栽，便说："好漂亮的盆栽啊！平常似乎很难见到，这是你自己种的吗？"

女主人来了兴致："你说得没错，这是很罕见的品种。同时，它也属于兰花的一种。它真的很美，美在那种优雅的风情。"

"确实如此。但是，它应该不便宜吧？"

"这个宝贝很昂贵的，一盆就要花 700 美元。"

"什么？我的天哪，700 美元？那每天都要给它浇水吗？我一直很喜欢盆栽，但却对此一窍不通，我能向你请教，你是如何培育出这样美丽的盆栽的？"

"是的，每天都要很细心地养育它……"女主人开始向推销员倾囊相授所有与兰花有关的学问，而他也聚精会神地听着。最后，这位女主人一边打开钱包，一边说道："就算是我的先生，也不会听我嘀嘀咕咕讲这么多的，而你却愿意听我说了这么久，甚至还能够理解我的这番话，真的太谢谢你了。如果哪天有空，我会乐意向你传授种植兰花的经验，希望改天你再来听我谈兰花，好吗？"女主人爽快地接过了化妆品。

通过向女主人请教关于盆栽的问题，打开了女主人的谈话兴致，而且，在交谈过程中，销售员一直以请教式提问来夸奖女主人，使得女主人的心理得到了极大的满足。说到最后，没等销售员开口，女主人就主动掏钱购买了化妆品，而且，还发出了"希望改天你再来听我谈兰花”的邀请。足以见得，请教式提问所产生的良好效果。

请教式提问，是一种非常有效的提问方式。给他人戴上了一顶高帽，再虚心的请教，想必，一个再倨傲的人也会被打动，这样一来，自己所请求的事情自然就能够办成了。

那么如何做才能使请教式提问发挥效用呢？

1. 满足对方的心理

在生活中，每个人都有“好为人师”的自大心理，所以，在许多时候以低姿态，有针对性地请教对方，以自己的普通甚至低劣凸显对方在某些方面的高明和优势，可以间接起到赞美对方的作用。恰到好处地使用这种方式，既成功地赞美了对方，又可以给对方留下虚心好学的好印象。

2. 请教式提问既请教又鼓励

其实，请教式提问不仅仅重在请教，还表现出一种鼓励的意味。当然，这样的一种提问方式不仅局限于下属对上级，很多时候，上级为了鼓励下属，也可以向下属发出“请教式提问”。

3. 放低自己，抬高对方

在日常生活中，还有许多家长更是将请教式提问当作一种很好的教育方式，以此来鼓励小朋友。有时候，我们在求人办事的时候，不妨放低自己的身价，虚心请教提问，再说几句赞美之语，说不定能取得良好的效果呢。

要含糊其词，更要有所保留

在日常交际中，每一次提问都包含着一个目的，有可能是纯粹地与他人建立和谐友好的关系，有可能是想从对方回答中获取一些信息。但是，无论是什么样的目的与意图，若是清晰地呈现在问题中，那么，很有可能会令对方产生一些不好的感觉。对方会认为，你的提问、交谈都存在着一定的企图，他会不自觉地选择戒备的心理以保护自己，这样，也就影响谈话的进一步进行了。另外，对于国际商业谈判如此重大的场合来说，更不应该彻底地暴露自己的意图、目的，凡事都应该慎重，这样，我们才能“知己知彼，百战不殆”。

周末，朋友聚会，大家惊讶地发现，离婚多年的王太太竟然快结婚了。自从上一次不幸的婚姻之后，王太太就打消了结婚的念头，突然出现了这样的消息，朋友们十分惊讶，纷纷询问：“他到底是谁?”王太太笑着回答说：“一个会提问的人，每一次约会，我都是不知不觉中答应的。”

然后，王太太讲述了第一次约会的情景："刚开始见面，他就问我：'网球和电影，你更喜欢哪一种？'我回答说：'我喜欢看电影。'他接着又问：'国产片和外国片，你是喜欢外国片？'我笑着回答：'是的，但是附近的电影城正在上演的是张艺谋的新片，我也很想看。'他也笑着说：'这样好了，这个周末我们一起去看。'我就不假思索地回答：'好吧！我们去看。'"

说完，王太太满脸幸福："每一次和他说话，他总是问这问那，而我根本不知道他为什么会这样问，稀里糊涂就回答了，结果，我就这样被他骗走了。"

王太太未来的老公的高明之处就在于：他从来不透露自己提问的真实意图。因此，王太太很轻松地就走进了"圈套"，不知不觉就答应了对方的邀请。通过王太太的例子，我们不得不说"有效的提问真的是一种智慧"。人与人之间的相处既是这样，那么，对于蕴含着重大利益的商业谈判，每一个提问更是不容马虎。有可能，在谈判过程中，稍微不注意就会透露出自己的意图，让对方占尽先机，从而损失一笔大买卖。有时候，含糊其词的提问还能够引起一个新的话题，而对方却茫然不知。

我们在向他人提问的时候，千万不要太过彻底，以免暴露出自己的真实意图，从而影响沟通的正常进行。

1. 模糊问题

虽然，我们提倡在提问时所提出的问题需要具体，但在某些时候，我们需要模糊问题，也就是说，不把问题明确地提出来，而是提出一些有关核心问题的其他问题，这样就可以模糊我们所想提出的真实问题。自然，对方也就不知道我们所提出问题的目的了。

2. 问东问西

在许多沟通场合，我们经常看到这样的提问画面：有的人对一些人问了许多乱七八糟的问题，看似无关紧要，但到最后，却从这些问题中得出一些有用的信息。善于提问的人，看似问东问西，而实际上却是有规律可循的。之所以问东问西，那是因为掺杂了一些无关紧要的话题之后，对方就猜不透我们问题的真实意义。

多角度提问，洞察对方的真实意图

在沟通过程中，适当巧妙的问话，可以发现对方的真正意图和需要，进而通过协商解决，巧妙的提问对谈判成功起着至关重要的作用。当然，对方也会故意回避你的直接提问，以隐藏自己的真实底线，所以当问题可能涉及对方的底线，或者不方便直接提问时，就必须要运用各种技巧和方法，以期获得多种信息，了解到对方真正在想什么，谋求什么，或者真正的底线在哪里。

在西安事变之前，张学良和杨虎城频繁见面，都有意对蒋介石发难，但都不敢轻易开口。在某次会面中，杨虎城假托共产党王炳南的口说："王炳南是个激进分子，他主张扣留蒋介石！"张学良立即接口道："我看这也不失为一个办法。"于是两个聪明的将军开始商谈行动计划。

这种借助第三者之口提供方案进行协商和提问的方式，可以避免对方不同意引起的冲突，不失为巧妙的好方法。又比如，客户："你们还有同类产品吗?"销售人员："有意思。你为什么会问这个问题呢?”客户：“我很想知道你们到底有多少同类产品。”销售人员：“原来是这样。你怎么会关心这个问题呢?”客户：“我喜欢独一无二的产品。”这样一来，就能清楚地知晓客户的意图，才能针对不同客户的不同要求，来调整自己的产品和销售方案，也就大大增加了与客户合作的机会。

在日常沟通中还可以运用哪些巧妙的方式进行问话呢?

1. 投石问路法

当没有摸清对方虚实的情况下，为了避免因对方拒绝而产生的难堪尴尬，不妨先设一个较虚的问题，投一颗问路的石子，以探听对方的虚实。

某推销商想要把自己的产品销出去，但又怕对方直接拒绝，一般他不会轻易问“你要不要?”而会婉转地问“您看产品的性能还不错吧，能评价一下吗?”或者“您对我们的产品有什么不满意的地方吗?”“您看价格怎样，您愿意付多少钱?”等。

这一系列的问题往往能够引导对方回答问题，进而剖析出对方真正对产品的哪方面不满意，是否有购买意图，继而找出理由说服对方，促成谈判顺利进行。

2. 迂回探询

不直接对话题所涉及的问题提问，而进行旁敲侧击的提问，继而探出对方的真实底线，再进行谈判，就能够掌握主动，让谈判更有利于自己。

某公司需要购进一批机械，当价格谈到每台 32 万美元时，美方代表表示已经到了自己的底线，否则就只好放弃这次机会了。这时，公司的谈判代表不再继续就价格进行谈判，而是拐弯抹角地提问零件的消耗状况，每个零部件和主机如果出现损坏，单独购买的价格，结果核算起来组装一部这样的机械，只需要 26 万美元。这时谈判代表掌握了他们的底线，对方也慌了神，最终以每台 27 万美元购进，节省了大量资金。

这种迂回间接的提问方式可以先让对方放松警惕，缓冲谈判中那种剑拔弩张的气氛，继而奋力一击，往往能够达到更好的效果。

3. 条件性提问

条件性提问也可以称作“假设性提问”，即把沟通的问题作为假设条件，从对方的回答中确定对方更在意什么，和己方有哪些共同需求，以获得对方的真实信息。

美国某些商业顾问机构的首席代表在购买产品时往往通过许多假设性提问，获得了很多颇有价值的资料，引导新的选择途径。如假如我们订货的数量加倍呢？假如我们将保证金增加呢，可不可以更快供货？假如我们自己提供材料呢？假如我们要买几种产品，不只购买一种呢，价格可不可以再降一点？假如我们让你在淡季接下这份订单呢？假如我们一次性付清呢，可不可以比分期付款再优惠一点？

通过这些问题往往能够从中剖析出对方可能做出的让步，继而掌握主动权。

而有些问题诸如：“你们认为两年的合约怎样，还有其他想法吗?”这种有重点和条件的问题，往往意味着试探对方在提出的条件方面是否关心，比如对方回答“如果改为合作三年就更好了”说明对方更关心长期合作，如果对方没有反应，则对期限并不在意。

当然，在日常沟通中掌握提问的技巧可以让你获得大量有用的信息，掌握对方的真实意图，更有利于我们占据沟通的主动权。

第七章

真诚赞美，不吝溢美之词

嘴甜的人往往更受欢迎

每个人都长着一双喜欢听赞美语言的耳朵，这是人的天性。马克·吐温曾说过："一句得体的称赞能让自己陶醉两个月。"的确如此，当我们获得别人的夸奖之后，不是也反复回味、心情兴奋吗？我们在处世的过程中，要学会赞美别人，让他拥有优越感，你的赞美仿佛是一支火把照亮他的心田，可以消除你们之间的芥蒂。一个会做人的人，会是个出色的演说家，而赞美也是一种语言上的人情投资。人情在当今社会中的作用日益凸显，而人情并非是指物质上的礼尚往来，还包括情感的交流，"人情"在于"情"，只有情感上达到了共鸣，才是情感交流的前提。朋友多了路好走，聪明人会利用人脉上的优势让自己赢得成功。

任何一个人都希望被他人关注和赞美，都希望自己的劳动得到社会的承认，得到别人的理解和尊重。不管你的赞美对他是否会产生影响，有一点是可以肯定的，你的赞美会给他的心理带来愉悦。当你用真诚的语言赞美对方的时候，他会认为你是一个值得信任并了解他的人，自然就拉近了你们之间的距离，他所回报你的，便是同样的肯定与信任，激发出你与他之间相互的热情、友谊和温暖。这样，无形中你就赢得了一个朋友。这无疑是一场最没有风险的情感投资，因为“投桃”必然会“报李”。

陈勇在一家珠宝公司的企划部上班，他做事认真，为人也很耿直，为此，得罪了不少领导。和他同时进公司的刘鹏进了公司的销售部，但因为一件事，刘鹏却进了公司总部，成了陈勇的上司。

那天，在每月的例会上，宣传部部长决定：“为了促进公司新款珠宝的发售，我决定加大宣传力度，这月月末就在本市的水上乐园举行一次大型展览，希望大家努力办好这次展出。”陈勇一听，觉得荒谬之极，他本来就觉得这个宣传部部长太专制，什么事都喜欢自作主张，也不和其他人商议。这一点，他看不惯已经很久了。他性格太直，当着众人的面，他就回了宣传部部长一句：“你这也太草率了吧，都不做市场调查吗？这可关系着我们公司下半年的销售额和资金的运转！”陈勇将这些话脱口而出。当时，会场上的很多人都屏住了呼吸。

“你知道什么，等你坐到宣传部部长的位子再说！”说完，宣传部部长气急败坏地离开了会议室。

但令陈勇奇怪的是，那月的水上公园展览居然没有办，而自己的好朋友刘鹏也爬到了宣传部副部长的位子。原来，当时会上，刘鹏也很不同意部长的做法，但是他并没有在会上指出来，而是等会开完了，对部长道出了事情的利害：“我一直都很佩服您，您做事一向都很有魄力，但这次我们推出的是我们公司今年的主打产品，水上乐园去的一半都是一些孩子，这么昂贵的奢侈品并不怎么适合在那展出，到时候做了无用功就不好了。”部长一听，说得没错，并向总部推荐刘鹏担任副部长，成为自己的左右手。

针对同一件事，两种不同的说话方式，导致了不同的结果和职业命运。有时候，说话不能太诚实就是这个道理。面对领导的错误决定，陈勇开门见山地提出了反对意见，让领导在众人面前下不来台，一个领导的尊严受到了损害，自然很生气。而相反，刘鹏的做法明显好得多，先赞美领导，肯定了领导果断的行事作风，这至少让领导觉得自己的能力是被肯定的，这样，在听取意见的时候，也自然容易接受多了。

赞美虽是一件好事，但绝不是一件易事。赞美他人需要技巧，不是简单地夸赞他人几句就能起到良好的效果的，胡乱吹捧只会适得其反。同时，赞扬还应该把握度，不能太过火，只有适度的赞扬才会使人心情舒畅，否则就会使人感到难堪、反感或觉得你在拍马屁。

为此，我们在赞美他人的时候，必须掌握一些要点，只有这样，才能将赞美的话说到对方的心坎上。

1. 态度要真诚

赞扬的目的是激励，是褒扬真善美。抱有某种不可告人的目的，以溢美不实之词，极尽吹捧逢迎，只会引起别人的反感。比如，恰逢对方情绪特别低落，或者有其他不顺心的事情的时候，过分的赞美往往让对方觉得不真实，此时一定要注重对方的感受。

2．赞美对方最引以为豪的成就

赞美必须选对“点”，赞美别人不在意的事情却忽略了别人引以为豪的成就，可谓赞美得不得法。因此，我们在赞美他人的时候，要始终不忘赞美对方最自豪的成就。

3．从细节赞美

空洞的、泛泛而谈的赞美只会让对方怀疑你赞美的真实性，而从细节上赞美，更有力、更真实，更能让对方产生快乐感。比如，你想赞美对方今天的衣服好看，你可以说：“我觉得这种款式的衣服衬得你的身材更好了。”

4．措辞一定要准确、得当

在赞扬别人时，语言不要含糊不清，如果你拿捏不准用什么词赞扬对方，还不如保持沉默，因为那些含糊的赞扬往往比侮辱性的言辞还要糟糕。诸如“嗯，还行”“挺好”和“没那么糟”，只会让对方觉得你很讨厌。

5．不要一味地赞美

适量的赞美，会让对方听着很舒服，也会很受用，可是，过量的赞美，则会显得做作和虚伪。所以，抓住重点赞美，避免赞美之言泛滥，也是我们在赞美他人时应该注意的。

总之，赞美的语言是一支利箭，运用得好，可以给对象留下好印象，为你逢山开路、遇水搭桥。因此，在与人交流时如果多一些赞美之词，往往能博得别人的好感，给自己赢得一个“会说话”的美名。

多多赞美他人的益处

适当的赞美，是促进人际关系和谐的润滑剂，但要恰如其分地赞美别人是件很不容易的事。如果称赞得不得法，反而会遭到排斥。希腊有句谚语："使人幸福的不是体力，也不是金钱，而是正义和多才。"最能打动他人的赞美，莫过于对其才能的认可和高度评价。而通常情况下，人们的才能几乎都是通过成就展现出来的，因此，对方的成就就是我们赞美的开始。

事实上，即便是最普通的人，他也有引以为豪的成就。要么是自己工作努力、业绩突出，要么是学生时代读书勤奋，要么是子女懂事、有成就等，只要你善于挖掘，就能发现，就能找到赞美的点。

那么，我们在赞美别人成就的时候，该注意哪些事项呢？

1．多加了解，确定对方的成就

尚未确定对方最引以为豪的成就之前，你最好不要胡乱称赞，以免自讨没趣。比如，如果对方明明这月营业额下滑，你却夸赞他“生意兴隆”，招人嫌就在所难免。

2．善于发现，发现他人的长处

发现对方的长处，这是赞美对方的前提。对此，我们可以从对方的爱好入手。一般来说，人们只有先对什么感兴趣，才会擅长什么。几乎每个人都有自己的爱好，有自己擅长的事物。这需要我们细心观察，在发现对方长处后，也不要贸然赞美，而应该先加以了解。

3．多从事实出发，而非成就本身

如果你一味地赞美对方成就卓著或只是蜻蜓点水式地稍加赞美，对方可能会认为是恭维或客套话，而如果你能指出对方有如此成就的原因或者具体表现，则能提高它的可信度，让对方觉得你是真心实意地赞美他。

比如，面对一个学有所成的年轻人，你可以说：“你每天晚上熬夜学习，现在终于有志者事竟成了。”

4．虚心请教是最好的赞美。

有时候，我们没必要恭维他人的长处，这时，只要你虚心地讨教一番，作毕恭毕敬状，他人定会耐心地向你传授其中一二奥秘。

比如，你可以对一位爱好养花的老人这样说：“王老，您这水仙是怎么养的呀？我怎么养不出这么好看的呢？”再比如，你可以对一个事业有成的人说：“据说你这个月的销售额又提高了九个百分点，说说你是怎么做到的。”对方一定很乐意接受。

在使用语言赞美的同时，你还可以通过动作、眼神来表达敬重。比如，你可以恭恭敬敬地掏出笔记本和钢笔，真心诚意地请他指出你应该如何努力，也可以谈论他值得骄傲的东西，向他取经。这样做会引起他的好感。

总之，赞美也必须讲求技巧，只要运用得法，必能让对方由衷地高兴。

别具一格的赞美更打动人心

人都喜欢听赞美的话，从别人的肯定和认可中得到内心之中的“自我肯定”。但是，并不是任何时候的赞美话都能使被赞美者心花怒放，也不是所有的赞美话都会被接受。事实上，赞美就像我们送出的礼物一样，想必我们每个人都喜欢那些意外的礼物——别致、精心准备的礼物。当我们收到这样的礼物时，常常会被感动得不知所以，赞美何尝不是如此呢？谁都不想听多余的、千篇一律的赞美之言，也就是说，出乎意料的赞美就好比意外的礼物。我们先来看下面的故事：

相传法国著名的作家大仲马年轻的时候，有一段时期非常的穷困潦倒，后来流浪到了巴黎，他去找父亲的一位朋友，希望他能够帮助自己找一份工作。当父亲的朋友得知他的来意之后，问道：“你有什么特长吗？”大仲马羞涩地摇了摇头。对方无奈地摇了摇头说：“那你把地址写下来，我帮你找到工作后好通知你。”大仲马惭愧地写下了自己的地址，对方说：“年轻人，你的名字写得很漂亮啊，这就是你的优点！”对方一边点头一边说：“把名字写好，就能把文章写好。”大仲马受到了鼓舞，兴奋地离开了。

父亲的朋友赞美大仲马的名字写得好，虽然这只是一句无心的赞美，但对于大仲马来说却“受宠若惊”，因为当时的他处于困境之中，这一意外的赞美无疑会增加他的自信心。可以说，这一赞美之言真的说到了大仲马的心里，让大仲马觉得他就是自己的知己，是“自己人”，进而增加信心。

心理学家认为：在每个人的心里，都渴望别人更多地欣赏自己。如果你只是说一些千篇一律的好话，则会让对方觉得你根本不了解他，在心理上就会产生落差，继而拉远心理距离。可见，在与人沟通的过程中，我们给对方的赞美最好是出乎其意料之外的、特别的，只有这样，才能让对方真正产生愉悦的心理。

印尼前总统苏加诺有一次访问中国，在青年们专门为他举行的欢迎会上，他用了独特的赞美赢得了青年们的爱戴。他说：“今天，能够和大家见面，我觉得很幸福。因为你们年轻，是民族的希望。印尼有很多神话，其中说到一棵神树，叫作‘愿望之树’，谁要是站到神树下说出愿望，立即实现。假如我现在站到这棵神树下，我要说：‘我希望恢复我的青春。’”顿时，会场掀起了一阵高潮。

苏加诺想要赞美青年们，他没有说他们多么热情，没有说他们多么的有朝气，而是通过一个神话来表达自己的愿望，从中抒发了对青春的向往，巧妙地赞美了他们年轻和有希望，从而赢得了青年们的喜欢和尊敬。

心理学家认为，每一个人的内心深处都认为自己是与众不同的，都喜欢追求独特、个性。同样，他们也希望他人能看到自己的与众不同，此时，就需要我们能给出一个与众不同的赞美，这一赞美最好还是出乎意料的。这样，别人就会觉得你是真的欣赏他，真的了解他，会把你当成是他的知己。

当然，我们要想给他人出乎意料的赞美，需要从以下几个方面努力：

1. 赞美要透过现象看本质

通常，当一个人取得成绩的时候才会被人关注，因而得到的都是对他的能力的赞扬。殊不知，对方更加在乎自己付出的努力。如果在赞美的时候，透过现象看本质，不去人云亦云地赞美表面的成就，而是去赞美对方所付出的艰苦的努力，往往在心理上会和对方靠得更近。

比如，有一个男孩特别喜欢踢足球，他渴望着能够成为足球明星。终于，在他25岁的时候实现了自己的梦想。于是他的老师和同学们前来为他祝贺。有一个老师说："你真了不起，这么年轻就成了鼎鼎有名的足球明星。"男孩笑着说："这没什么。"这时候有一位同学说道："你的吃苦精神真的很令人折服，不管刮风下雨，你始终在球场上奔跑。"这时候，男孩走过去给了这位同学一个热情的拥抱。赞美别人能抓住细节，往往让你迅速地站到了对方内心中近距离的位置上。

2. 意外的赞美不可突兀，要贴切自然

意外的赞美要恰如其分，必须是被赞美者所具有的闪光点。

切不可生硬突兀地胡乱赞美，更不能空喊口号。如果称赞的不得法，反而会遭到排斥。

3. 表情和动作上的赞美更能产生情感上的冲击力

一般的人对表情和动作的感受要远远超过对语言的感觉。赞美一个人，如果附带诚恳的表情和相应的肢体语言，会使赞美更具立体感。

心理学专家曾经做过这样一个心理学的实验：让两个人分别去赞美一个舞蹈跳得很好，但是却意外摔倒的姑娘。第一个人走上前去，一边笑一边说："你的舞蹈跳得太完美了。"第二个人走过去，拍了拍姑娘的肩膀，说了句"你很棒"。姑娘对第一个人的赞美，表现出非常厌恶的情绪，狠狠地瞪了他一眼，而望着第二个人感激地说了声"谢谢"。

两个人同样是去表达赞美，为什么第一个人遭到了白眼，而第二个人却得到了感谢呢？对于这种现象，心理学专家做出了解释：人对外界的反应有一个基本的是非判断，从而迅速地衡定内心的安全感。对于友善的表情和动作，同样会做出友善的迎合，继而换来更大的友善；对于不友善的情绪，则同样地给予敌意，以确保自己安全系数的最大值。

总之，我们若想让赞美他人的话深入对方心里，起到使其心花怒放的效果，就要给对方送一个意外的礼物——出乎意料的赞美，这会为我们赢得好感、增进彼此关系。

巧妙地将赞美传递给他人

我们都知道，渴望赞扬是每一个人内心中的一种基本愿望。美国著名心理学家威廉·詹姆士说：“人类本性上最深的企图之一是期望被赞美、钦佩、尊重。”但是，大多数情况下，赞美之词只有恰到好处，让对方觉得他的价值得到了肯定和认可，才算起到了作用。也就是说，虽然人都爱听赞美的话，但是并非任何赞美都能使对方高兴。所以说，赞美一个人时，一定要使用有策略性的手段，要别出心裁，才能打动对方的心。

前面，我们已经分析过，间接赞美他人的效果更明显，其中就包括在背后赞美，这是因为背后赞美更显真实性。心理学家曾经做过这样一个心理学的实验：当一位同学取得了奥林匹克一等奖之后，让一位老师去直接赞美他聪明，赞美他学习用功刻苦，同时，又让这位老师传达了另外一位老师的赞美和称许。结果，这位同学只是谦虚地微笑着离开了，之后却给那位没有露面的老师打了电话，传达了感激之情。

同样的赞美之词，为什么这位同学对直接表达的赞美表现得如此淡然，而又对利用他人之口传达来的赞美却如此重视呢？专家是这样解析的：通常，我们都有“被认可”“被肯定”的心理需求，同样，在潜意识里，每个人都会对别人说的话做出分析和判断。很多时候，当一个人当面说好听的话，往往是有所图，他所说的话被打上了引号，是否真诚有待定论；而相反，背着当事人的称许则没有任何所图，显得更加可信。这就是为什么前面的同学对当场赞美的老师只是谦虚的微笑，而对另外那位没有露面的老师表达了感激之情的原因所在。

在我们的现实生活中，这样的例子非常多。

有一个女孩到朋友家去做客，朋友的父母赞许说：“你这么有礼貌，真是太懂事了。”

女孩谦虚地说：“没有啦，阿姨，比起您的女儿来，我还差得远呢。”当时，朋友的表姐也在场。第二天，朋友告诉这位女孩说：“我表姐说你不但人长得漂亮，而且知书达理。”这位女孩惊讶地说：“你说的是真的吗？”当这位女孩第二次去的时候，对朋友的父母表现得很一般，对她的表姐却表现得很感兴趣。她觉得朋友的父母是为了让客人高兴才赞美她，而朋友的表姐的赞美才是发自肺腑的。

可见，在平日里，我们不要当着对方的面表达赞美，这样的赞美只能到达对方的耳朵里，却到不了心里。而要通过别人的口传达你的称许，这样才能起到相应的效果。

专家研究表明：每个人的内心都渴望得到别人的赞美和称

许，这样会在心里对自我价值有一个肯定和认可。而当面表达赞美往往会让别人觉得你是阿谀奉承，对你的赞美之言产生怀疑，这就与对方内心的期许产生了误差，“耳边风”自然就刮过去了。相反利用他人的嘴来表达赞美，则会让别人觉得你没什么可图，赞美自然真诚温暖。人们总是认为符合自己“心理认知”的赞美是真诚的，因而表现出喜悦和接纳。

以前，有一个脾气古怪的县令，他每一次发布新的政令，都要求下属当面称赞。刚开始的时候，当下属当面赞美，县令就非常高兴。但久而久之，县令觉得听来听去就是那几句赞美的话，也听腻了，心想：难道每次都需要自己要求你们那么做吗？可不可以来点新鲜的呢？

有个头脑机灵的下属看出了县令的心事，于是想办法来点“新鲜的”，希望让县令高兴高兴。这天县令又发布了新的政令，这一次，那位头脑机灵的下属并没有像以前那样当面称赞县令了，而是故意在一旁偷偷地跟同僚说：“凡是身居高位的人，大多喜欢别人的奉承，只有我们老爷不是这样，他一向对别人的称赞都不放在心里。”

没过多久，县令就从下属们那里知道了这几句话，心里非常高兴，马上唤来那个下属说：“好啊，知道我心里想的，还是只有你。”很快，这个头脑机灵的下属便受到了县令的重用。

其实，那位下属所说的那几句话就是想说给那个爱听恭维话的县令的。但是，这个下属并没有像其他同僚那样当面赞美县令，而是将这些话告诉第三个人，以和同僚在背后议论的方式，有意识地让县令听到耳朵里去，将县令捧得很高，从而达到了赞扬县令的目的。

要做到从容自如、得心应手地通过间接的方法赞美别人，还是要讲究一些技巧的。赞美是一门艺术，技巧性很强。就像画画一样，胡乱涂鸦的人都会涂上几笔，但要画一幅完整的作品，就没那么容易了。那么，究竟如何利用别人的嘴来传达你的赞美呢？在表达的时候要注意哪些问题呢？

1. 赞美的话要有重点，说得简明扼要

很多人在利用别人传达赞美之情时，情感很真挚，结果却没有收到预期的效果，究其原因是表达很啰唆，没有重点，这就给传话的人带来了难度。比如：你看到了朋友家的小孩很懂事，一会儿赞美她尊重长辈，懂礼貌，一会儿又转移到爱讲卫生，爱学习上。结果传话的人传达时说了很多，却没表达出你的意思。你的赞美不真实，反而成了对她的讽刺。表达之前多了解很有必要。

2. 赞美之言的“传播者”要选合适

利用他人的嘴来表达赞美时，如果这个他人与被赞美者关系疏远，那么很有可能你的赞美到不了位。例如你想要赞美你的领导很有魄力，却选择一个你的下属做传话人。可想而知赞美被传达的概率有多小。选择对方身边的人，或者是关系亲密的朋友或者家人，往往能达到很好的效果。

3. 不要对对方的期许过高

有的人总是对利用别人的嘴传达赞美之情给予过高的期望，结果一旦收效不明显，就急不可耐地上蹿下跳，跑去询问传话人，甚至还会直接向被赞美者打听。最终导致你的赞美完全失效，还有可能引起别人的反感，起到反面的效果。

总之，只要我们掌握了以上几点要领，就能巧妙地将赞美的话传递到对方耳中，这样无论使用怎样的溢美之词，都不会显得过于露骨和肉麻，而对方又能同样领会到你的赞赏之情。

赞美他人胜过炫耀自己

我们都知道，中国人素来以谦逊闻名，在中国传统的文化里，其实人们是不习惯直接赞美他人的，不少人都没有赞美别人的习惯。但在这里，我们不仅仅强调赞美他人，还需要学会赞美对方身边的亲人。

在生活中，我们都有这样的经历：做父母的，当听到有人赞美自己的孩子，这比赞美自己还高兴；做儿女的，当听到有人赞美自己的父母，这也比赞美自己还高兴。这其实是很正常的情绪表现，因为我们都会认为自己身边的亲人很重要，如果有人赞美了他们，就好像在赞美自己一样，不，应该是比赞美自己所带来的感觉还强烈，那是一种“家”带来的荣誉感和骄傲感。因为我们来源于那个家，我们是家里的一分子，就好像有人说亲人的坏话，那比打自己耳光还难受，就好像自己也被侮辱了似的。或许，每个人都是了解这种感觉的，所以，我们可以从对方身边的亲人开始赞美，这是一种从侧面赞美从而赢得好感的一种方法。

小欣在一家公司做秘书。这天中午，当大家已经出去吃饭时，小欣一个人在办公室，一位白发苍苍的老太太来到了办公室，指名说："我想找你们的王经理。"

小欣很亲切地招呼："请问，您找我们王经理有什么事情吗？"

老太太笑呵呵地回答说："我是他母亲，早上他急匆匆来上班，把一份重要的文件丢家里了，这不我中午刚好没事就送过来。"

小欣仔细观察了那位老太太，亲切地说："哦，是这样啊，我们经理出去办事了，大概一会儿就回来。要不，您先坐下休息会儿吧。"老太太点点头。

在等待王经理的时候，因为中午午休，办公室基本没什么人，小欣就与老太太聊了起来，小欣说道："您老身体可真硬朗，今天好像电梯坏了，这七八层的，您是走楼梯上来的吧。"

老太太毫不在意地说："那有什么的，才八楼而已，我以前可住的是十二楼，那是原来单位的老房子，根本没电梯，我每天上下班、买菜做饭，都是爬楼梯，其实都习惯了。不过年纪大了，要想身体好的话，还真是要锻炼，我身体硬朗，就得亏那会儿的锻炼……"王经理回来的时候，两人聊得正起劲。

下午小欣进办公室的时候，王经理意外地问道："小欣，今天中午，你都跟我母亲聊了些什么？"小欣微笑着回答："就随便聊了聊，拉拉家常，我发现她老人家身体真是硬朗，而且很健谈，心态也很年轻，她还跟我炫耀网上购物的事情呢。"

王经理也笑了："那当然了，我母亲是个潮人，原来是个教师，现在退休在家，不仅喜欢锻炼身体，还喜欢上网，都成了网络达人了……”

我们发现，案例中的秘书小欣是个深谙赞美之道的人，她并没有直接赞美领导，而是发掘到经理母亲身上值得赞扬的地方，对其进行了话家常式的一番赞扬。她的赞扬得到了经理的认同，也使得上下级之间多了沟通，而王经理也卸下了领导的身份，像一个普通子女一样聊自己的母亲，那该是多么骄傲的一种心情。这里，我们还发现，秘书小欣在赞美经理母亲的时候，无论是在母亲面前所说的话，还是在经理面前所说的赞美，都是很恰当的，因为她的赞美是很有针对性的——根据老太太的年龄来进行赞美，而不是一开始就恭维：“你母亲真伟大，培养出了你这样出色的儿子”，这样的赞美未免就显得很“官方”，让人感觉不到真诚。

从这里，我们可以看到在与人沟通的过程中，赞美其亲人所能起到的效果。当然，赞美对方的亲人，也是需要讲究方法和技巧的。比如，当你见到对方的孩子后，你不能立即就说“这小孩真聪明，从小就是一副领导样”，这样的赞美听起来只会让对方觉得别扭和虚假。再者，赞美对方的亲人也要看时机，要把赞美说到点子上。

有个职员想拍马屁，可是又总找不到合适的闪光点，再加上又总是见不到他的上司，为此而苦恼不已。这天，他无意中得知上司的儿子刚刚结婚，认为自己终于找到了个由头，恰巧这天，他在公司碰到了上司。于是他迅速地迎了上去，说：“领导好，听说你的儿子结婚了，真了不起。”此时，上司正好在和一个客户谈合作。听到下属这么说，白了他一眼，不满地说：“咋了，不可以吗？”

很显然，这位职员的赞美不合时宜，也没说到点子上。基于人们的这种心理，在表达赞美的时候，要看准时机，把赞美之言说到点子上，送到别人的心坎上，这样才能使赞美起到事半功倍的效果。

其实，赞美领导亲人的方法并不难，你只需要遵循一个原则就行了：针对其年龄展开赞美。通常情况下，领导的亲人有老有小，如果是老人，则赞美身体硬朗，心态年轻；如果是小孩，则赞美天真活泼，聪明可爱。针对年龄的赞美是最恰当的，因为每个年龄有每个年龄需要赞美的东西，你只需要稍微思考，就可以说出恰当的赞美之词。

真诚赞美，不要曲意逢迎

虽然赞美从不会被拒绝，也不会招致他人的反感，但是我们依然要把握赞美的度。世间事，凡事都有度，过犹不及，赞美也是如此。真诚的赞美，一定是发自内心的，没有任何功利的目的。和真诚的赞美相比，曲意奉承则显得非常虚伪，有些人甚至睁着眼睛说瞎话，让被其赞美的人都感觉无地自容。这样的赞美，非但不能帮助我们拥有好人缘，反而会被他人识破，导致他人看低我们。

前文曾经说过，赞美是对他人最廉价也最慷慨的给予。然而，赞美却不能泛滥。对于他人切实存在的优点和长处，我们自然可以慷慨赞美。但是，对于并不符合他人实际的赞美，只会让人觉得虚假。尤其是当把这种不符合实际的赞美用到领导或者上级身上时，则更显得目的性强，别有用心。总而言之，不管你赞美的对象是谁，我们都要尊重事实，千万不要无所顾忌，盲目赞美他人。

在公司的聚会上，大家看到了从不露面的董事长夫人。很多员工都是第一次看到董事长夫人，不由得大为惊讶。原本，大家以为事业有成的董事长，一定拥有富贵高雅的妻子。不承想，董事长夫人简直太普通了。她甚至没有一个普通的女子漂亮，身材又矮又胖，脸上还有很多雀斑。她也并没有如大家预期的那样穿着华贵的礼服出场，身上只有几件简单的首饰。面对这样的董事长夫人，原本满怀期待的员工们都有些失望。不过，大家都不想错过这个好机会与她套近乎，毕竟，她能当董事长一半的家呢！

宴会开始了，董事长夫人显然就是今日全场的明星。很多女同事都围聚在她身边，想尽办法赞美她。有个年纪比较大的女同事，视若无睹地赞美董事长夫人："夫人，您的气质真好，怎么看也不像是五十多岁的人呢！"董事长夫人笑笑，没有说话。还有位女同事说："夫人，您是如何保持身材的呢，您看看，您连一点儿赘肉都没有，气质还这么高贵。"董事长夫人听到这句话，表现出乏味的神情。丝丝一直不作声地待在外围，等到大家都渐渐散去，丝丝才走到董事长夫人面前，礼貌地说："夫人，您好。我是今年的新员工，叫丝丝。"董事长夫人礼貌地点点头。丝丝说："夫人，我很喜欢您的这条裙子。这条裙子虽然不是华贵的礼服，但是它是天然亚麻的。这种面料穿着很舒服，很养人，也和您淳朴的气质非常相配。"董事长夫人闻听此言不由得眼前一亮。她笑着说："你这么年轻，也喜欢这种粗布衣服吗？我还以为年轻人只喜欢时尚的款式和高档的面料呢！"丝丝笑了，说："不穿职业装时，我几乎所有的衣服都是粗布的。这种面料会呼吸，给穿它的人带来极大的舒适度。不像礼服，虽然穿着好看，但是一点儿都不舒服，身体很受拘束。这件衣服和您的气质很相配，让我感觉您就是一个崇尚本真自然的人。”董事长夫人在接下来的时间里，一直在和丝丝聊天。她们从服装聊到工作，又从家庭聊到人生，这个纯真质朴的女孩，深深地吸引了董事长夫人。在这个年轻人越来越浮华的年代，董事长夫人仿佛找到了稀世珍宝一般，视丝丝为一见如故的知己。

如果能进入董事长夫人的法眼，自然也就离得到董事长的提拔不远了。在大多数女同事都围绕着董事长夫人拍马溜须时，丝丝一直淡定地等待着。她接近董事长夫人的目的很简单，无非就是觉得那件亚麻衣服非常漂亮，自己也很喜欢而已。恰恰是这样恰到好处的赞美，这种真情流露的赞美，打动了董事长夫人的心。一个历经沧桑的中年人，拥有自己的产业帝国，当然不会被那些女员工们别有用心的赞美蒙蔽眼睛，况且她并没有曼妙的身材、不老的容颜和高雅的气质。她有的是如同纯天然的亚麻和粗布一般的纯真自然，淡定拙朴。丝丝，一句恰到好处的赞美就击垮了所有人的曲意奉承。

毫无疑问，每个人都喜欢听赞美的话。然而，赞美必须切合实际。人，总是有自知之明的，当一个有自知之明、洞察世事的人听到他人不切实际的赞美时，内心一定觉得他非常虚伪。对于他人的赞美，并非越多越好，也并非越夸张越好。只有尊重事实，适度赞美，才能够使赞美最受欢迎。

第八章

懂得幽默，乐于分享快乐

开启自己的幽默模式

与人交往的过程中，很多时候，我们常常因为交流双方的不熟悉、沟通存在目的性或者沟通双方的不善言辞而无法打开和谐的沟通局面。此时，只有幽默才能使双方内心的紧张和重压释放出来，化作轻松的一笑。因此，在沟通中，幽默语言如同润滑剂，可以使我们从容地摆脱沟通中可能遇到的困境。

在社交中，谈吐幽默的人往往易于取胜，没有幽默感的人则往往会失败。在交际场合，幽默的语言极易迅速打开交际局面，使气氛轻松、活跃、融洽。

会调侃的人懂得如何给生活添加作料，受到不公平待遇也会泰然处之，即使心情郁闷，也能通过开玩笑的方式给别人传达某种信息。实质上这种人热爱生活，大智若愚，充满了人格魅力，现实生活中会得到众多朋友的喜爱，因此成功的机会自然比一般人多。

可见，社会生活中，不论你只是其中的普通一员，或是身居要职，善于运用幽默的力量，总能让自己获益匪浅。你不仅要善于幽默地调侃他人，也要能接受他人的幽默调侃，如此才能赢得友谊，在社交活动中游刃有余，获得成功。《围城》里的方鸿渐是一个颇具幽默感的人。

在方鸿渐刚回国时，他在家乡的一所中学做了一次演讲。方鸿渐说："吕校长，诸位先生，诸位同学：诸位的鼓掌虽然出于好意，其实是最不合理的。因为鼓掌表示演讲听得满意，现在鄙人还没有开口，诸位已经满意得鼓掌，鄙人何必再讲什么呢？诸位应该先听演讲，然后随意鼓几下掌，让鄙人有面子下台。现在鼓掌在先，鄙人的演讲担当不起那样热烈的掌声，反觉倒有一种收了款子交不出货的惶恐。"

这个开场白显然很成功，让方鸿渐立刻受到了众人的欢迎。幽默是一瞬间智慧的火花，让生活充满乐趣。

幽默是社会活动的必备礼品，是活跃社交场合气氛的最佳调料。与人交往，恰逢时宜的一句话就能缓解尴尬的交际氛围，帮你打开一道宽阔的交际之道。那些会说话的人往往能巧妙运用幽默的力量，轻松拂去沟通伊始的那种冷漠，改变人们的心情和处境，建构起特有的幽默氛围。我们如果把交际中的人们划分为两种人——枯燥的人和有趣的人，那么富有幽默感的人可谓是有趣的人。酒逢知己千杯少，话不投机半句多，这句话可以证明这一点！

那些生活经验丰富的人无不重视幽默的力量。使用幽默的语言，是展现你风采的一种重要形式，它同时是一种默契形式，能使得你与他人之间的相处变得宽容、友善，幽默使严肃的话题变得轻松。幽默的人善于拨动笑的神经，使严肃的话题变得轻松，让对方丢掉紧张的情绪。幽默是一种艺术、一种润滑剂，面对严肃的话题时幽默一下，会产生意想不到的效果。

当然，最好的幽默话题往往是那些自嘲或中立性质的。因此，你可以以你自己为幽默的对象，针对自身的一些小缺陷或者不足开个玩笑，好像自我打趣似的，就不会触犯别人。相互攻击有时也很风趣，但对初学者来说不应该去尝试，应该避免使用。

拒绝枯燥，顺畅交流

如果说语言是人们交流沟通的媒介，那么幽默的语言便是通向对方心灵的桥梁，它能让你风趣诙谐地表达自己的某种心意，并以最快的速度直抵他人的心灵。因此，幽默是最受欢迎的生活艺术，幽默的语言体现的是一种修养，它能让与人交往变得更为轻松，也会令人如沐春风！

的确，人际交流的最大杀手便是枯燥。话不投机半句多，谁也不愿与一个严肃、沉重的人交谈。幽默的言谈可以给他人带来欢乐，也能让自己拥有愉快的心情。拥有幽默的人生活愉悦，并能拥有快乐的人生。

用过于严肃的态度生活，难免太沉重。人生不如意事十之八九，若总是唉声叹气，生活必然一片灰暗。如果换一种心态，调侃一下生活，就会觉得轻松有趣得多，每天都会很阳光、很光明，充满希望和快乐。

以下方法可帮助你成为社交场上的活跃人物。

1. 拿自己开涮

懂得运用自我贬低、自我解嘲这种方法制造幽默的人往往都是幽默高手，会收到欲扬先抑、欲擒故纵的效果。众人将在哄笑声中重新把你抬得很高。自我贬抑既可活跃气氛，又能博得他人好感。

2. 调侃对方

社交中，对于那些与自己关系亲密的朋友，可以以对方为幽默的对象，开句玩笑，互相贬低一番，这并不是坏事，反而会使朋友间亲密无间。但要记住，你的玩笑一定是不带恶意和偏见的。

3. 夸张赞美

抬高他人有时候也能产生幽默效果，但这种方法并不等同于虚伪的恭维、奉承，善意的抬高会立即使整个气氛变得异常活跃。老朋友、新同事见面后，不免介绍寒暄一番，这是个极好的活跃气氛的时机。

4. 搞恶作剧

恶作剧也是一种幽默的表现方式，它的幽默来自出人意料。朋友间，可以互相调侃，可以突破紧张的、受束缚的社交规则。当然，不能否认的是，对于那些不喜欢恶作剧的人，最好少用。

5. 寓庄于谐

社交生活中，你不需要时时紧绷着自己，自始至终保持严肃的神情就会显得紧张。即使是那些需要庄重的场合、面对那些严谨的问题，同样可以用风趣、幽默的语言来表达。

回应挑衅，不动声色

在现实生活中，我们会遇上各种各样的事。有时候，我们会遇到他人的挑衅，使得我们处于不利的地位。这个时候，如果我们能让自己的思维展开飞翔的翅膀，运用幽默的力量，绵里藏针，柔中寓刚，就能巧妙地粉碎他人的挑衅，让我们从这种矛盾中解脱出来。伟大作家鲁迅说："用玩笑来对付敌人，自然是一种好战法，但触着之处，需是对手的致命伤。'幽默'或'玩笑'，也都要生出结果来的。"可见，不动声色、绵里藏针地制造幽默是反击他人挑衅的有效手段之一。我们先来看看马克·吐温是如何使用这一方法进行幽默反击的。

一次，马克·吐温应邀赴一次宴会。席间，他对一位贵妇说："夫人，你太美丽了！"不料那妇人却说："先生，可是遗憾得很，我不能用同样的话回答你。"头脑灵敏、言辞犀利的马克·吐温笑着回答："那没关系，你可以像我一样说假话。"

绵里藏针法，就是用比较和缓的语气和态度，表达出自己比较坚硬尖锐的用意的语言艺术。使用这种方法时，要注意多用委婉的词语，以“绵”争取人心，以“针”阐明自己的观点，让“针”扎得又狠又准，真正击中对方的要害，让对方有刺痛之感且不露痕迹。

的确，那些善于制造幽默的人总是能根据不同对象、不同场合和不同目的而采用不同的语言制造幽默。在许多情况下，他并不直截了当地把问题说给对方听，而是将意思隐含在其中，给听话者留下咀嚼体味的机会和体验、想象的空间。

在日常生活中，各种复杂的情景如果都能以较强的应变能力，发挥即兴口才调侃一下，闪烁敏锐的思维和智慧，则会增添不少趣味。当然，那些就地取材的谐趣妙言，灵机一动的理智闪光，顺手拈来的隽语佳句都是幽默精华。巧用活用这些幽默精华，会使讲话人谈吐生辉。

幽默“破冰”，让彼此更亲近

在日常生活中，和别人第一次接触尤其是陌生人之间的接触，总会有一定的距离使双方感到有隔阂。此时，如果适当地运用幽默，在与对方交谈时开个无伤大雅的玩笑，那么，便能使彼此神经放松，营造轻松的氛围，使紧张的气氛缓和下来，缩短你与他人之间的距离，使得你和别人的关系亲密起来。

西方有句谚语：“一个国家最古老、最宝贵的财富是幽默。”没有幽默的语言就成了公文，没有幽默感的人就会像是一座雕像。死板的公文、毫无生气的雕像使你不会得到别人的亲近和喜欢。所以，要想拉近和他人的关系一定要学会幽默。

每个人都喜欢生活在愉快的氛围中，因此，你如果能说出使人如沐春风的话，必定能广结善缘。卡耐基有句名言：“关于沟通，除了词汇之外，最重要的就是‘趣味’！”幽默的作用可见一斑。生活中离不开幽默，是幽默令生活更多姿多彩，使人轻松愉快，增添生活情趣。

林语堂曾说：“达观的人生观，率直无伪的态度，加上炉火纯青的技巧，再以轻松愉快的方式表达出你的意见，这便是幽默。”所以，幽默不是滑稽，也不是尖酸刻薄，它包含了智慧、亲切、诚恳，并带人情味，你可以用它来拉近与别人的距离。幽默感是一种人格吸引力，能反映一个人的修养和情调。在人际交往中，机智风趣、谈吐幽默的人往往拥有更多的朋友，我们谁都不愿同动辄与人争吵，或者郁郁寡欢、言语乏味的人交往。幽默可以说是一种润滑剂，它使烦恼变为欢畅，使痛苦变成愉快，将尴尬转为融洽，让你牢牢地吸引对方。

同样，在社交场合，在和不太熟悉的人闲谈时，适当加入幽默，会让接下来的交谈变得轻松愉快，你就会得到别人的喜爱。一句笑话可以像一缕阳光驱散重重乌云，一切的怀疑、郁闷、恐惧，都会在一句恰当的笑话中消散无踪。幽默运用得法，可以使一个敌对的人哑口无言，还可以解除尴尬的局面，赢得别人的鼓掌喝彩。当然，幽默和个人的性格以及知识积累有关，要让自己能够在需要时幽默起来，平时就要多观察生活中的细枝末节并多积累他人的幽默。

利用幽默获得他人的理解

生活中，我们常常看到这样的场景：公交车上的乘务员报错了站，主持人站在台上忘记了台词，司仪在聚会上说错话等。这些都是人们的失误，也是他们在各自岗位上所出现的过失。人无完人，没有人能做到完美，作为社交中的一分子，我们常常也会犯各种各样的错误。用幽默来解释自己的过失，不仅可以为自己挽回面子，而且可以得到大家的原谅和理解，营造良好的氛围。

其实，在日常的社交生活中，我们每个人都是制造幽默的主角，我们会不自觉地因为他人的幽默而开怀大笑，我们也会不经心地说出一句让众人会心一笑的话。人们都是崇尚快乐的，幽默便有这种力量，它能使人忘记烦恼，用快乐的态度看待生活，看待各种事。

因此，我们在人际交往中出现过失的时候，若能幽默一番，那么，对方也许会原谅我们，一切看来都云淡风轻了。所以出现过失不要急于忏悔，更不要自暴自弃，用上一些恰如其分的幽默，不仅在轻松的氛围中给出问题恰当的解释，而且扫去了人们以及自己心中的阴霾，这样的解释要比长篇大论的郑重道歉强上百倍。

所以学会用幽默解释自己的过失，意义十分重大，不容忽视。然而，我们还必须看到一点的是，幽默法获得他人的理解的第一步，还是需要我们做到有勇气正视自己的失误。

2010 年温哥华冬奥会在落下帷幕的时候，国际奥委会主席罗格用“卓越和友善”高度评价了那届冬奥会，并把奥林匹克五环旗交给下届冬奥会举办地俄罗斯索契的市长纳姆索夫手中，然后闭幕式就开始了。

在闭幕式上有一个小花絮，就是在开幕式时一根因为工作人员的某些失误没有竖起来的欢迎柱。当闭幕式的大幕拉开时，火炬台以开幕式时“残缺”的状态搭建着，开幕式上的失误，就这样被组委会自己再度摆在了世界观众的面前。一个装扮成电工的小丑蹦跳着来到会场，来到没有竖起的那根欢迎柱的大坑前，他装作在检查的样子，最终找到故障原因。他如释重负般将电源插好，拍拍手，开始试着将那根硕大的柱子从地下拉起来。在小丑卖力的拉动之下，那根欢迎柱缓缓竖起来了，并且缓缓地和其他几根欢迎柱搭建在一起。

随后冬奥会开幕式主火炬手勒梅·多恩被小丑请进场，她随即点燃了奥运火炬，奥运圣火熊熊燃烧。

开幕式上的错误，就这样以一种幽默和伟大的方式解决。而有两次点火的奥运会，恐怕也是史无前例的。全场观众，都沸腾了。为组委会这样勇敢地直面错误，并以幽默的方式来化解欢呼。

当然，幽默是智者的游戏，如果你没有敏锐的反应能力和组织语言的能力，那么，制造幽默以获得他人理解是很难做到的。

总之，社交生活中，如果你一不小心出现语言或行动上的过失，大可不必自责或者懊恼，因为幽默能帮助你轻松化解，获得他人的原谅！

第九章

完善自己，培养良好人脉

处理好与自己的关系

一位公共关系学老师在课堂上引导学生分别对自己和他人作出评价，然后再将同一个人的自我评价和他人评价放在一起对比，结果发现：每一个人心目中的自己和他人心目中的自己之间存在着很大的不同。我国古人也曾经说过：“知人者智，自知者明。”由此可见，一个人能够清楚地认识自己，进而准确认识自己与他人的关系，是一件很不容易的事情。

你与他人的人际关系如何？我们可以用一个心理测试来检验一下：

你走向一个熟睡的婴儿时，他忽然睁开眼睛，你认为接着他会有什么反应？

1．笑

2．哭

3．眼睁睁地看着你

4．完全不理你

测试结果：“婴儿”代表的是人际交往中的“他人”。你想象中的他人的反应恰好代表的是你自己内心的想法。

选1的人，属于很自信的一类人，懂得和他人交往的技巧，交际手段也不错，因此很容易和他人打成一片；需要注意的是，不要过度自信，只陶醉在自己的世界中，忽略了别人的感受、想法。

选2的人，比较没有自信，害怕和他人交往。因为深恐暴露自己的缺点，所以选择将自己包裹在人为制造的壳中裹足不前。如果能够再自信点，积极与他人接触，一定会发现交往并没有自己想得那么难，也会发现外面的世界非常美好。

选3的人，有些神经质，也就是说对人际关系相当敏感。他们非常在乎人际关系，也会小心翼翼地去维护。但是由于太过于在意别人的感觉、想法，不仅弄得自己精疲力竭，还给周围的人带来压力。这种情况下最好的做法是放松一下自己，以平常心来面对人际关系。

选4的人，相当孤僻，认为与其和别人在一起，还不如一个人来得快乐、自由，所以根本不愿、也觉得没必要踏入别人的世界。然而，无论是工作还是生活，我们都是不可能独来独往的，尤其是在一个团队中，所以需要好好调整自己。

在上面的心理测试中，我们用“婴儿”来代表他人，是具有一定的根据的。比如在日常生活中，我们会发现女性和男性在对婴儿的反应的猜测中表现出很大的不同，绝大多数女性从不担心婴儿见到她们的第一反应是哭——这是因为在和婴儿的相处中，女性拥有比男性更多的自信。再比如，一般比较会逗小宝宝的人，内心中产生“被讨厌怎么办”的不安感的概率就会比不会逗宝宝的人小得多。这是因为，婴儿由于内心极为纯净，对人内心的情绪反应会非常敏感。人心里的情绪总是会表现在脸上，或是从态度中流露出来，这种不安和不信任感被小宝宝感受到，小宝宝就会表现出相同的情绪。

换句话来说，决定我们人际关系状态的，其实并不是和我们交往的那个人，而是我们自己。我们只有正视了自己，才有可能正视我们的人际关系。一个人想当什么样的人，就会建立什么样的人际关系。有些人虽然“自我感觉”良好，优越感极强，但是别人却不以为然，不是因为别人不懂得发现他的优点，而是因为没有人愿意和一个时时处处都想显得比别人强，“高人一等”的人相处。这样的人因为自身的优越感，说话做事时难免会表现出盛气凌人、居高临下的姿态，然而在平等交往的人际关系里，没有一个人不希望被对方尊重，也没有人会心甘情愿地被他人歧视、瞧不起。结果，这类人理所当然会被敬而远之。

这些人因为过高地估计了自己，所以很难发现自己身上的缺点和别人身上的优点。在和他人发生矛盾时，总是把责任归咎于对方。更有甚者，明明理亏，为了维护面子还要强辩，这样的人即使没有矛盾发生，也会与人关系紧张。反之亦然，一个人如果在与他人交往时，将自己看得过低，对于别人提出的要求全盘被动接受，这样的人不仅在人际交往中被动，同时因为自己对自己的轻视也很难获得他人的尊重。他们虽然表面上不会与人关系紧张，但实际上同样无法与他人建立正常的人际关系。因此，正常人际关系的确立，其实是从我们自己开始的。

从行为上讲，一切从自己做起，才有成功的希望。儒家讲："己所不欲，勿施于人"，还讲"严于律己，宽以待人"。但是现代人却偏偏要将这些原则反过来，"多要求别人少要求自己"，多注意别人如何如何，却很少去反思自己有没有做得不到位的地方。这也是人际关系中普遍存在的一个问题。

比如我们前面讲过，真诚是建立良好人际关系的基石。换个通俗的说法，就是我们讨厌彼此之间骗来骗去，也经常标榜自己从来不会欺骗别人，但欺骗无大小，哪怕是在生活中的一些小事。

办公室的电话铃声响了，小王接起电话，电话那头传来一个男性的声音："您好，我姓李，找一下张某某先生。请问他在吗？"

小王用手捂住话筒，对张先生说："张先生，有你的电话，是一位李先生打来的。"

张先生一听，连忙告诉小王："你告诉他，就说我不在。"

这种场景是不是很熟悉？这是我们在生活中常用的一种"伎俩"，当我们不愿意面对某个人或者某件事情时，就会用这样的"欺骗"来暂时圆过去。这难道不是欺骗吗？如果此时你是电话另一头的人，心中又会做何感想呢？所以，不要责怪别人欺骗你，也不要责怪别人敷衍你，我们要学会检讨自己，是不是我们也曾经对对方做了这样的事情呢？

很多时候，决定我们人际关系的其实正是建立在这些日常小事之上的、我们留给他人的“印象”。我们习惯于用过去的经验对其他人进行判断，也习惯于根据一两次的交往来对一个人草率地下结论。对于从小就听着“狼来了”的故事长大的我们来说，不可能不明白其中的道理。每一个人都会被别人贴上一张看不见的标签，上面清清楚楚地写着我们的性格和人品。这将决定我们在其他人心目中的地位高低，也决定着我们彼此之间人际关系的好坏。为此，我们必须从一开始就对自己负起责任来。

正如本文一开头的那个测试，在建立人际关系前，我们有必要首先想想自己要做一个什么样的人。是像古代忠义之士那样，为正义牺牲在所不辞，言他人所不敢言、为他人所不敢为？还是低调点做个老好人，老老实实地保住自己所谓的那份安全？抑或是做一个对什么都无所谓的人，“事不关己，高高挂起”，只要不涉及自己的利益，不管任何事情都无须过问？通过观察，我们会发现绝大多数人都在这三类人之列，他们各自的人际关系乃至是命运都各不相同，第一类人或许因为过于刚烈而遭受比他人更多的挫折；第二类人最为常见，却也最没有“存在感”；第三类人冷漠了别人，别人也冷漠了他。那么，我们自己呢？我们又属于哪一类人，或者想做哪一类人呢？

可能有人会说，第一种做不起，第二种活得太憋屈，第三种又做不到。是的，尽管人可以大致被分为这三种类型，但是每一种人身上都有着各自的一些“缺陷”，一些有自知之明的人也在努力地想办法去弥补这些缺陷，最终成了“三合一”型的人——

没错，这才是我们大部分人想做的类型。由于我们很难把握哪个特质多一点、哪个特质少一点，因此我们又各自不相同。从社会的角度而言，我们也的确需要这样一种理想的人格类型，即在需要坚持原则的时候坚持原则，需要听话时听话，需要洒脱时洒脱。这就是我们努力的方向。

其次，经营自己的人际关系，我们还需要处理好自己和自己的关系。和自己处好关系，听起来简单，做起来却很难。我们要和自己搞好关系，首先就得全面地接受自己，只有接受自己，才能使自己的身心得到充分、健康的发展，然后获得和谐的人际关系。接受自己离不开了解自己。我们大概每天都会照镜子，每当我们面对镜子的时候，你对镜子中的人是喜欢还是厌恶？一个不喜欢自己的人，也很少有人会喜欢他。可事实上就是有很多人对自己不满意，在这个问题上很多人都喜欢走极端。要么是看自己哪儿都不顺眼，要么就是极度的“自恋”。这些都不利于我们正确地评价自己，也不利于我们全面客观地接受自己。如果哪一天我们的心态开始发生改变，我们开始接受自己了，然后慢慢地，我们就会发现，大家也都开始接受你了。我们良好的人际关系就建立起来了。

敢于正视自己的人，才能够将自己剖析得更全面，才能够理智地看清自己。因此，正视自己，正是我们经营人际关系需要克服的第一个心理障碍。

树立正确的人脉理念

假如有这样一个选择题：人际关系中表现自己重要，还是给对方留下一个好印象重要？很多人可能要迷惑了。难道表现自己不正是为了给别人留下一个好印象吗？这句话本身没有什么问题，问题是我们在表现自己的时候往往忽略了自己表现的初衷，而给对方留下了错误的印象。因此正确的人际关系理念应该是这样的：人际交往并不是为了表现自己，而是要给对方留一个好的印象，让对方觉得自己为人不错、富有魅力。

围绕着这样一个理念，交往会变得很不一样。我们可以给对方留下什么样的印象呢？例如，我是一个可以坦诚交流的人，与人交流起来没有什么障碍；别人从和我的交流中可以得到快乐——我们可以采取善意的赞美、恰如其分的建议、发自内心的共鸣，甚至是赠予礼物或者是其他方式，总之是一切可以让对方感到快乐的方式；还有人生观方面彼此高度契合，等等。我们需要深刻地认识到人际关系的核心问题不是为了说服对方和自己的想法一样，而是需要让对方吐露心声，并从中找到可以交流的切入点，加以发挥，为自己的印象加分。

因此，正确的人际关系理念首先体现在满足他人表达的需要上。倾吐自己的想法，是每个人的本能，不仅我们需要，对方也需要。所以，在人际交往中我们一定不要幼稚地以为，在满足自己表达愿望的同时，就可以建立人际关系了，我们还需要满足对方倾吐的愿望。人际关系是在倾听中建立起来的，而不是在自己的喋喋不休中。

其次，正确的人际关系理念还体现在处理人际冲突的过程中。学会倾听，只是为人际关系的培养建立了一个良好的开始，但是由于人际关系常处于一种不断发展变化的过程中，因此也比较容易产生人际冲突。这时，我们处理人际冲突的模式就决定了我们以后人际关系的走向。一般而言，和谐的人际关系给人带来愉悦的感受，人际冲突则常常产生负面感受。在自然状态下，人们的行为选择倾向于追求快乐，回避痛苦。因此，人们都想尽可能地回避这种人际冲突。但是事实上，在与人相处的过程中，人际冲突是难以避免的。价值观不同、目标不一致、处世风格不同、角色分工不明确、沟通技能不足、资源有限等，这些因素都可能引发人际冲突。

而我们常说观念引导行动，一个人如何看待人际冲突，很大程度上就决定了他会如何去解决人际冲突。生活中我们时常听到类似的抱怨："因为某某的错误，才会造成这种局面（引起人际冲突）。"发出这种抱怨的初衷可能是为了所谓的面子，也可能是出于争强好胜的心理。殊不知在我们去这样做的同时也为我们的人际关系埋下了祸端；也有人为了避免人际冲突，选择忍气吞声，做着许多违心和令自己委屈的事情，自己受委屈不说，别人还不领情。这些都属于对人际冲突的认识不合理所导致的。对于人际冲突，我们需要认识到，人际冲突是不可避免的，合理解决人际冲突是对自己人际交往能力的一种锻炼。

在树立了正确的人际冲突观念后，我们只需再掌握一定的沟通技巧，就可以有效地化解人际冲突。有人曾经将人际沟通的风格分为被动型、攻击型和自信型三种类型。被动型的人常常秉持“安全第一”的人生哲学，心理边界不强，说话声音柔弱，不愿意表达出自己对所遇事情的不满，他们希望用自己的委曲求全来回避人际冲突，但事实上却会因为过于没有存在感而招致别人“得寸进尺”。攻击型的人说话时嗓音洪亮、咄咄逼人，他们总是喜欢强迫别人接受自己的意见，把自己的幸福建立在他人的痛苦之上，在他们的心里自己是最重要的。这样的人心理边界往往很强，自己的“领地”绝不容许别人随便踏入。可想而知，从长远来看，人们也只能对其敬而远之。自信型是处理人际冲突时的一种理想型沟通风格。自信型的人在保护自己权益的同时，也不损害他人的利益。他们注重理性解决人际冲突，坦诚表达自己的感受，尊重对方，试图达成共识。在沟通时既不会违背自己的情感和原则，也很注重对方的感受。这种沟通风格有助于人们在互相了解和彼此的袒露心扉中慢慢成为朋友，化解原本的人际冲突。

显而易见，自信型的沟通风格正是我们化解人际冲突所需要掌握的。要做到这点，首先，我们需要在交往之前明确自己的利益或者目的，只有将自己的利益明确，我们的心理边界才可以彰显，这样就建立了自己在冲突中的底线。其次，在沟通中保持自信，学会忠实于自己的感受。一个忠实于自己感受的人，是一个不欺骗自己情感的人，这样的人最真诚，也最容易赢得他人的尊重。再次，学会认同他人的正确意见。人们常常陷入一个误区，那就是正确的意见都是出自自己之口。其实，只要是意见正确，只要是有助于彼此之间的交往，这样的意见究竟出自谁之口又有什么关系呢？大度地去赞美对方的优点，不仅可以拉近彼此之间的情感距离，同时也容易让对方感受到你的自信和诚意。

树立正确的人际关系理念，还要注意区分一些容易混淆的概念，避免走入人际交往的误区。如区别真诚和说实话。我们说人与人之间的交往必须真诚，不能说假话，更不能虚伪。但是真诚却不一定等于说实话。举个例子，当你的一位朋友买了一件她自认为非常漂亮的衣服，高高兴兴地跑到你跟前，问你："快看，我这件衣服怎么样？"在你看来，这件衣服一点也不符合她的身材和长相，这时你告诉她："这衣服太糟糕了，根本不适合你穿。"这样的说法合适吗？这是一种非常幼稚的做法，只能存在于未经世事的儿童身上。

而现在的问题是，我们已经是成年人，不是儿童。成年人会有自己的考量，这时候我们再也不能用"孩提时代的纯真"来思考问题了。面对对方的兴高采烈，我们适当地称赞几句又有何妨呢？毕竟，人的审美观是有差异的，你看来不好看的，他人未必也这么看。再说，我们表达的不仅是对于那件衣服的意见，衣服背后的人才是最重要的。成年人之间的交往不仅需要真诚，还需要艺术，因为人际交往就是一门艺术、一门学问。

再者，交往艺术和虚伪也是有差别的。二者的本质区别在于，交往艺术是建立在真诚的基础上，根本目的是促进人际关系的和谐发展，而虚伪仅仅是为了谋取个人私利。

此外，在人际交往中，我们还要注意区分友谊和人际交往的区别。不可否认，人际交往可以产生友谊，但是人际关系从其本质上来讲只是代表你与他人之间的关系，可能产生友谊，也可能只是一种不错的关系。即使是彼此之间的关系不错，但也不一定代表着有友谊。因此我们不能将友谊的标准强加在任何一种看似不错的人际关系之上。在尚未确定二人之间是否存在友谊时，我们不能希望别人像友人一样主动地关心和理解自己。

我们要始终明白友谊和人际关系之间的差异是很大的。人际关系建立在人际交往中，是人家为了达到一定的目标而在彼此间进行的交往。因此大家都比较客气，注重礼节，在必要时，也能根据需要对自己的需求和行为进行合理的调整；而友谊则是两个人之间的交往，比较随意，亲密无间。我们对朋友可以提要求，但对人际关系不错的人——我们姑且称之为熟人，却不可随便提要求；对待朋友，在他做错时，我们可以坦率地提出意见和批评，却极少有人会这样去对待所谓的熟人；我们可以和任何人交往，但却不能期待大家都成为自己的朋友。毕竟，在大多数情况下我们进行的其实都是一般的人际交往。

在了解和确立了以上人际关系理念后，我们还有什么顾虑的呢？马上去放心大胆地展开自己需要的人际关系吧。

腼腆是一种很正常的现象

在生活中大家经常会把不善交际和性格内向联系起来。性格内向的人真的就不善交际吗？正所谓“空穴来风”，人们得出这个结论并不是没有一点道理的，至少，性格内向的人在与人交往时经常会表现得腼腆，仅此一点就会大大影响我们人际交往的效果。

然而，不管是内向还是因为内向所表现出的腼腆，它们都属于我们性格中的一些先天禀赋，我们既需要正确地看待它们，同时也要明白只要我们有意识地去塑造自己的个性，个性是会发生改变的。诚然，对于一个人的性格和日常表现而言，先天素质会产生很大的影响，如有些人性格内向，说话时就会低声细语，见到生人也会脸红，并且做任何事情时常会有胆怯的心理。但是，先天素质并不是造成内向和腼腆的全部因素，教育和自信心这样一些后天形成的因素也会影响人们的表现。关于教育方面的影响，我们通过观察一些成年人就可以发现，那些在童年早期没有得到很好的引导的人，到了青春期以后，随着自我意识的逐渐成熟，当他们对周围人的评价开始变得敏感时，他们就开始变得胆怯、拘谨。缺乏自信心也是造成腼腆的一个重要原因。有些人总认为自己没有迷人的外表，没有过人的本领，属能力平庸之辈。这种状况不仅使他们长期体验不到成功的喜悦，而且也会导致他们更加不相信自己的能力。有许多调查研究结果都表明，低估自己导致的认知偏差常常是导致腼腆的最为重要的后天原因。此外，挫折的经历也会导致腼腆。据统计，约有 1/4 的腼腆害羞的成人在儿童阶段都曾开朗大方，交往积极主动，但由于他们在学习生活中曾经受挫，因而变得胆怯、消极被动。

综上，造成一个人腼腆的因素有很多。虽然我们已经认识到它属于一种正常的心理现象，但如果一个人在任何场合与人交往时都非常腼腆，甚至是不敢或不愿与人交往，那么他的正常人际关系就会受到影响。一个人在与人交往时表现出腼腆、动作扭捏、不自然、脸色绯红、说话音量小等特征，内心一般都是非常排斥和他人交往的，他在正常的人际交往中往往更倾向于采取回避的态度。由此可见，腼腆已经成为影响人们正常交往的一大心理障碍。他们会因为无法正常表达自己的感情，造成交往对象的不理解甚至是误解，使交往以失败而告终。这种结局将间接地导致他们的情绪与性格朝着更消极的方向变化，由此产生的沮丧、焦虑与孤独感会使他们变得更加软弱、退缩和冷漠。

以上所述是一个我们都不愿意看到的结果。如果说由先天性格所导致的腼腆令我们感到沮丧的话，另一个观点或许可以令我们重拾信心：性格是可以塑造的。有人谈到性格就说它与遗传因素有关系，说“生就的脾气，长就的命”，改不了的，其实不尽然。并且现今已有许多理论可以支撑我们的观点。

如英国心理学家艾森克的人格维度理论。艾森克认为人的性格建立在一条长长的维度上，维度的一极是外向，另一极是内向，但是在维度中间还有许多等次。艾森克同时认为极端内向和极端外向的人都只占少数，而大多数人是综合性的，或者偏内向些，或者偏外向些。艾森克的人格维度理论的提出对心理学界的影响很大，受艾森克的影响，许多人都认为人的性格是可以通过有意识的塑造在维度上移动的。

无独有偶，日本学者长谷川洋三也认为，人的性格是可以通过行为改变的。我们都知道，性格一般是在人的童年期塑造出来的，而且在塑造的过程中，心理环境尤其重要。关于这一点，心理学家曾经做过一个“情感剥夺实验”：把一同生下的小猴子分成两组，一组放在铁笼子里，用奶喂养，什么也没有；另一组为它们用长毛绒做了个假妈妈，吃完奶后它们可以在假妈妈身上玩。实验结果表明：小猴子慢慢长大后，没有假妈妈的这一组胆子比较小，脾气暴躁，不合群，与人不容易接近；有假妈妈的这一组正好相反，不胆小，合群，与人容易接近。这说明在婴幼儿时期，特别是儿童时期剥夺了母爱，就会使儿童的性格发生扭曲，造成不好的行为和个性表现。情感剥夺实验说明在婴幼儿时期为孩子营造良好的心理环境，对一个人形成良好的性格是很重要的。

这个理论和实验同时带给了我们另外一个启发：我们一定要注意培养儿童的良好行为，以帮助他们养成一种健康的性格。我们应该在日常生活中培养性格，现实生活中的许多事例都证明，孩子幼小时是培养健康性格的黄金时期。家庭中父母及其他成员对孩子性格的形成有很重要的影响。比如，一位母亲是强迫症患者，有洁癖，怕脏。她有一对双胞胎，把孩子从幼儿园接回来，总是马上就给他们洗脸，洗脚，洗完后放在床上，不许下地，不让他们和邻居家的小孩子接触。这是一种典型的建立在完美型人格上的“强迫性人格”。这样的妈妈教育出来的孩子也极有可能会出现强迫行为。

还有一种“阈限理论”也打破了性格定型后一成不变的结论。“阈限理论”认为刺激超过了阈限的值以后，就可以使人的性格发生变化。孩子先天的个性、素质只是奠定了基础，孩子以后的发展道路是漫长的，性格和之后的生活经历也有关系。比如，一个孩子很胆小，不愿与人交往，后来的工作环境是在军队里，这是个集体，需要他与人交往，需要参加许多集体活动，甚至残酷的斗争，这样的环境就会使他变得坚强、开朗、豁达；又如一个很开朗的人、很爱笑的人，到了一个严密封锁的环境中，不允许和别人相处，最后，他也可能变成一个沉默寡言的人。所以环境影响着人的心理活动，同样也影响着性格的形成。

由此可见，生活、环境、时间都是性格最好的雕塑师。我们每个人也应该树立一个为塑造健康性格而努力的良好心态。即使我们是内向的人，即使我们性格之中原本的消极因素比较多，但是既然性格是可以塑造的，我们为什么不尝试着去做出努力呢？对此，我们不妨从见面打招呼开始，见面点点头，问个好，天长日久，大家就会觉得某某变了，喜欢和人说话了，这样的鼓励不仅是对我们改变的成效的见证，同时也会大大增强我们之后进行人际交往的信心和能力。

除了通过培养健康性格来改变人际交往中的腼腆表现之外，我们还可以用一些卓有成效的方法来帮助改进腼腆心理。比如，用一种新的思维代替之前的传统思维，不要过于在意其他人的行为或者评价，用自由洒脱来对抗内心的胆小谨慎；又比如与人交往时，通过积极的心理暗示——我一定可以的，克服自己内心的不自信，让自己的行为朝预想的方向发展；再比如有意改变自己不敢直视他人眼睛的胆怯心理，在与人交谈时，通过直视对方眼睛，让人感受到我们的自信和坦诚；或者用一些开放性的话题来帮忙应对人际交流中遇到的困难，一些开放性强又轻松随意的话题，不仅可以营造一种良好的谈话氛围，同时也有助于缓解自己内心的紧张情绪，将注意力从自己身上转移到对方的身上。

总而言之，不必把自己性格内向或腼腆、害羞当作一个包袱，因为每个人的性格和气质都有所长，也有所短，只要在实际生活中努力发挥自己的优点，克服自己的缺点，就可以收获属于你自己的良好人际关系，而且还会拥有成功的人生。

并不是只有你会这样

当我们孤身一人处于某种公共场合时，当大家的目光都聚焦在我们身上时，我们是否会突然变得语无伦次、心慌气短？这就是怯场。但是不要过于担心，因为并不是只有你会这样。

1928 年，大散文家沈从文被时任中国公学校长的胡适聘为该校讲师。二十六岁的沈从文虽然只有小学文化，来到上海的时间也不长，但是却以灵气飘逸的散文震惊文坛，在当时已颇有名气。

然而名气不是胆气。当沈从文第一次走上讲台，看到慕名而来听课的众多学子时，他呆住了，一句话也说不出来。原先准备好的要讲至少一个课时的内容，被他三下五除二地十分钟就讲完了，但是这时离下课时间还早呢！沈从文没有为了所谓的“面子”硬撑着天南海北地瞎扯，而是老老实实拿起粉笔在黑板上写道：“今天是我第一次上课，人很多，我害怕了。”全场爆发出一阵善意的笑声。

面对沈从文的坦言与直率，胡适非但没有责怪他，反而认为讲课“成功”了。因为坦言失败也是需要勇气的，而且只有具有光明磊落的胸襟和正视自我的勇气的人才可以做到。受到胡适鼓励的沈从文正视了这次“失败”带给自己的教训，找到症结，苦练基本功，终于在一段时间后也可以挥洒自如地讲课了。

不只是沈从文，许多名人都曾有过这种怯场的经历。曾经做过英国首相的丘吉尔当年曾在演讲台上脸色发白、四肢颤抖，直到被轰下台去，以至于给丘吉尔留下了严重的心理阴影，每次遇到演讲他都觉得胃里像放着一块冰；林肯在最初走上演讲台时，恐惧得甚至连一句话都说不出来；美国的雄辩家查理斯初次登台时，两个膝盖抖得不停地相碰；印度圣雄甘地首次演讲不敢看听众；大科学家牛顿也承认自己在演讲前发抖不已，大喊大叫……名人尚且如此，更何况是身为平凡人的我们呢？

至于人为什么会出现怯场这种情况，心理学家认为和人的自我意识发展是紧密联系的。个体进入青年期后，由于自我意识的发展，会表现出一种强烈要求摆脱父母、师长等的愿望，他们希望可以独立地观察、分析和体验社会，并且依靠他人对自己的评价以及自我在别人心目中的“形象”来验证自己的能力。出于这种心理，他们会特别需要得到别人的承认，但同时又经常担心和怀疑自己的言行能否得到别人的认可。这种心理状态再加上缺乏临场经验，使得在一些社交活动中，特别是在自己不熟悉的环境中，就会表现出不自然、腼腆甚至怯场的情况。

另外，怯场还与个人的性格有关，一般来说，性格内向和抑郁型气质的人会较多出现这种情况。性格内向的人一般都比较胆小，不善与人交流，越是如此，遇到需要交流的场合就会越紧张，产生怯场的情况。抑郁型气质的人也是如此。

再者，造成怯场的原因还有内心存在的自卑感。自卑感容易让人的内心产生“我不如别人”的想法。自卑感虽然表现形式不同，但是产生的原因却是多样的，有些是生理方面的原因如个子矮、肥胖、五官不端正、口吃、病弱等；有些是智力上的原因，如记忆力差、思维不灵敏、学习不如别人；还有些是性格上的原因，如孤僻；再有就是思想上的原因，如受了挫折后自暴自弃，等等。

对于以上原因造成的怯场心理，克服起来虽然比较困难，但还是有方法的。首先，我们可以尝试着先去清除自我意识中的一些消极因素，比如对他人的客观反应过度敏感。我们说对他人的反应保持敏感度是正常的，但若敏感度超出常态，则容易造成对自己心理上的束缚。要避免这一点，我们就必须实事求是地了解自己和所处的环境。例如当一个人在面对提问时有怯场的症状时，那么他应首先问自己：“我没记下谈话的内容吗?”“我每次都不能回答别人的问题吗?”如果不是这样，就应该明白自己的担心是多余的；如果回答是肯定的，则可以通过加强注意力练习和改善参与沟通的方法来提升自己此方面的能力。

其次，对于自我个性中的一些消极因素进行努力改造。性格和气质的形成既包含了先天的因素，同时也离不开后天实践的塑造，并且后天的实践往往起到的作用更大，许多名人都是通过后天的不断努力和勤奋练习克服掉自己的先天不足的。如古希腊著名的演说家狄摩西尼斯，他小时候是个性格懦弱、十分腼腆的孩子，在众人面前一说话就口吃。为了改掉这一毛病，他常常独自跑到海边，站在岩石上面对大海，以拍岸的巨浪做听众，练习演讲，经过刻苦的努力，他终于改掉了自己性格中的短处，成为成功的演讲家。

最后，我们要敢于正视自己的短处和缺点，克服因认为自己不如别人而产生的自卑感。许多对我们造成困扰的顾虑其实都是多余的，没有一个人是十全十美的，身体有缺陷的人也可能才能卓著；一个不懂得吃西餐的人也并不一定不能在其他社交场合游刃有余；一个优秀的运动员可能对电子设备一窍不通；一个科学家也可能根本不懂得欣赏音乐；等等，这些次要和个别的不足并不能导致人们对他成绩的主要方面的否定，因此我们也无须因为自己的"不完美"而顾虑重重。

除了心理上和主观上树立一种正确的认识外，我们也可以通过一些有意识的引导和训练来提高自己的临场发挥能力，增强自己的自信心。产生怯场心理，往往是因为对自己不自信，怕做不好，会在别人面前出丑，没有面子。事实上我们越是这样想，心情就越容易紧张，表现自然也会差强人意。如果我们可以在每次紧张时学会放松心情，告诉自己"我能行"，相信自己的能力，这样可能会好很多；同时我们也可以暗示自己即使做不好，也没有什么大不了的。

正所谓"艺高人胆大"，如果我们实在是担心自己会出丑，那么不妨在平时多增加知识的积累。就像我们做自己熟悉和擅长的事情一般不容易怯场一样，如果我们的知识渊博、能力超群，那么一切不足都是很容易克服掉的。有了丰厚的知识积累，即使自己心理上稍有紧张，但是只要克服掉这种心理一切就可以顺理成章、水到渠成了。因此加强知识积累，提高自己的能力，也是我们克服怯场的一个有效方式。

克服怯场，我们还可以使用一种心理战术："藐视"面对你的人。许多时候我们之所以怯场是因为太过于"看重"自己的观众，如对方位高权重、是某个方面的专家等。日常生活中我们常遇到这样的情况：在自己熟悉的人面前可以滔滔不绝、侃侃而谈，但是同样的话到了另外的不熟悉的或正式的场合却一句话也说不出来了。这些都是因为过于"看重"自己的听众产生心理压力所致。遇到这种情况，我们大可以把他们看成"水果""蔬菜"之类，要知道人与人之间都是平等的，没有人天生比别人高人一等。当我们把自己的地位放在平等的基础上时，那些困扰我们的手忙脚乱、吞吞吐吐也就消失了。

当然，要做到挥洒自如，平时还要有意识地对自己的社交能力和交谈能力进行强化训练。抓住一切尽可能的机会努力去扩大自己的交际圈，与更多不同类型的人进行交往——你经历的各种场合越多，就越容易在再次遇到它时变得熟悉、游刃有余；在一个人没事的时候也可以自言自语，和自己进行对话训练，当某些话已经练习得很熟练，话到嘴边不说出也难；在生活或者是工作中遇到锻炼的机会时，也要踊跃表现，积极发言，从一个熟悉的圈子到不熟悉的圈子过渡的好坏全在于平时锻炼的多少；最后，坚持每天看书，朗诵，也不失为一种很好的训练方法。

千里之行，始于足下。没有人是天生的演讲家，会怯场的也不止你一个，只要我们记住了这点，再加以刻苦的训练，相信一定能够克服怯场心理，踢开这个影响我们发展人际关系的绊脚石。

不要让嫉妒和偏见影响到你

嫉妒和偏见是两种常见的影响我们人际关系的消极心理，也被称为人际关系“杀手”。它们让我们无法客观公正地对一个人进行评价，进而影响了彼此之间人际关系的发展。其中，嫉妒的影响尤为大一些。

嫉妒是一种因他人与自己有相似的目标，而又担心对方会取得影响自己地位的成就而产生的一种非正当的不舒适感。这种不舒适感产生的原因很多，但大都与不确定和不安全感相伴。举一个日常生活中常见的例子：两个男生同时喜欢一个女生，但是由于某些原因，女生与其中的一个男生走得近一些。这时，另一个男生心里产生的那种不舒适感就是嫉妒，而他产生嫉妒的原因则是因为女生与另一名男生走得近后让他感受到了威胁——害怕女生投入另一位男生的怀抱，同时因为不确定两人之间的具体关系，内心产生的焦虑不安的情绪也会大大促进嫉妒情绪的生成。因此，许多人在危机发生前都会想先确定自己是否处于安全状态，比如前面提到的男生可能会迅速调整自己的策略。然而人生最大的不确定性正在于：未来是没有人可以掌握的，即使没有第三者介入，也无法保证我们的另一半对自己永远不会变心。

此外，嫉妒的产生也是因为人都是情感丰富的动物。因为情感丰富，所以我们常用“自以为是”的方式去处理事情，但却造成适得其反的效果。例如：我们可能会强迫另一半眼中只能有自己，或不断地使眼色暗示他（她）不准再跟别的异性讲话。刚开始可能奏效，但日子一久，我们的另一半可能真的会感到厌倦了。他（她）甚至会认为我们的嫉妒心真强。真正起作用的不是我们的嫉妒心，而是我们丰富的情感。嫉妒心强只是外在的一个表现而已。

嫉妒心产生的原因也可能是由于人们内心对自我的要求过高。心理学家研究证实，嫉妒心较强者，内心对自我要求一般都比较高，因而产生不安全感，导致各种嫉妒行为的发作；同时由于现实条件达不到自己给自己树立的目标，所以又会产生不自信的感觉。这实在是一种非常复杂的情绪。

如果我们可以换一种想法，结果可能会大大不一样。让我们来想一想：每个人都是一个独立的个体，我们不可能完全属于或拥有任何人，就算是夫妻，也不能完全拥有对方。真爱应该是建立在互相尊重及个人自由的基础上的。当然，这需要双方的共识与承诺。那么，我们为什么又要强迫自己或者是别人去做一些违背自由意志或者是内心意愿的事情呢？为难别人的同时也为难了我们自己。当我们对自己要求过高时，嫉妒就会悄悄上身。嫉妒正是因为有了不满足以及不满足背后的害怕被超越而产生的。

尽管我们都已经了解嫉妒是一种消极的影响我们人际关系的情绪，但是它的存在还是具有很大的普遍性的。因为，嫉妒是一种自然而然的情绪，对别人产生了嫉妒也并不可怕，关键在于我们怎么去看待嫉妒，或者说正视嫉妒。

正视嫉妒，我们首先需要全面认识嫉妒的意义。嫉妒虽然在更多时候发挥的是消极的作用，如嫉妒会使人失去理智，口出恶言，中伤别人、怨恨别人、诋毁别人等；嫉妒也会让我们变得心胸狭隘，凡事只想着自己的利益。然而，嫉妒并非像我们想象的只有消极的意义，它还有积极的一面。莎士比亚曾经把嫉妒比作爱情的卫道士。的确，我们的恋人如果反对我们同别的异性进行接触和交往，正是反映了他（她）对我们真切的爱。反之，如果他（她）从不“吃醋”，那么彼此之间的爱情恐怕还处在很低的水平，或者已经到了危险的地步。因此，嫉妒在爱情里面还是有一定的积极意义的。同样，在面对其他情况时，如果嫉妒能够转化成为前进的动力，则其意义就是积极的。

除了将嫉妒的意义转化为正面的之外，克服嫉妒可以从以下几个方面入手：如转移注意力，当我们有很多事情要做时，我们就无暇去嫉妒别人了。因此，我们要积极参与各种有益的活动，努力学习，勤奋工作，使自己真正充实起来，那么，嫉妒的毒素就不会在心中滋生、蔓延；我们也可以为了缓解嫉妒的情绪，找一些借口来安慰自己，比如“我的运气不太好”之类，给自己一个借口，自己的内心也可以轻松一点；还有一点就是多关注自己身上的优点。一个人在嫉妒别人时，总是注意别人的优点，却不能发现自己比别人强的地方。其实任何人都有不如别人的地方，因此当别人发挥其所长超越我们时，我们大可通过在下次自己擅长的活动获胜来证明自己，以此恢复心理上的平衡。

克服嫉妒，还要注意区别“嫉妒心”与“嫉妒行为”的不同。有嫉妒心很正常，但是如果在嫉妒心的驱使下做出了嫉妒的行为就不好了。就像“内心生气”与“表现敌意”不同，“心里嫉妒”与“表现出嫉妒”也是有本质差别的。一般来说，后者比前者更容易使人际关系恶化。当你觉得心里不舒服或开始表现出嫉妒行为时，不妨深呼吸，告诉自己：“我知道我现在开始嫉妒了，但是到此为止，不要做出任何破坏彼此关系的行为!”情绪是能自己掌控的，我们有能力去控制用何种方式表达自己的情绪，这会让最后的结果完全不同。

在这里，我们还要注意千万不能被嫉妒心所奴役。当嫉妒上身时，不要任由它在我们心中蔓延，但也不需要急着甩开这种本能的情绪，只要不把重心放在负面的情绪上，它就不会影响我们的生活。我们可以试着接受，并与自己的嫉妒心和平共处。当我们意识到自己开始嫉妒时，一定要停下来，观察当下的心情和想法。到底是什么让自己感到不舒服，是自己钻牛角尖的猜想？抑或是事实呢？我们常单方面猜想，从而让自己生气不已。但是等到恢复理智，我们又会明白现实和猜想是完全不同的。因此，处理问题的关键就在于当嫉妒上身时，我们能否控制住自己，不被突如其来的嫉妒心所俘虏。

与嫉妒心是一种普遍的心理相类似，在现实生活中，对他人产生偏见的现象也随处可见。我们因为偏见对他人形成定式思维，不仅给他人造成了困扰，也影响了彼此之间人际关系的良性发展。

偏见的产生一般有以下三个方面的原因：一是“先入为主”。根据肤浅的“第一印象”进行判断，只要第一印象好，就认为此人好，愿意热情接待；若第一印象不好，就认为此人很差劲，冷眼相待、漠然处之。二是“循环证明”。人际交往是感情互通的过程。对他人友好或不友好的态度，都会得到对方相应的感情反馈。若我们对对方的第一印象不好，消极的想法就会在彼此日后的交往中自动得到进一步的证实，使双方的交往热情继续下降，这又反过来恶化了最初的印象。三是“片面推理”。如果有人经济拮据，手头钱少，就无端地推测他可能见钱眼开，甚至有点手脚不干净。也就是人们平时所说的“门缝里看人，把人看扁了”。

纠正自己对他人的偏见，我们可以从几个方面入手：一是正确对待“第一印象”，不被肤浅的表面印象所迷惑，尤其要避免“以貌取人”；二是真诚友好地对待他人，不戴有色眼镜看待人和事；三是将心比心，进行心理位置的互换，从情感上体会偏见的危害，理智地消除对他人的固有偏见。

偏见，归根结底是一种心理障碍。对他人产生偏见，其实就是一种狭隘的心理在作祟。所以，要消除偏见，就要从思想上彻底改变，采取积极的态度，扭转自己心目中对他人的片面印象。这不仅是对他人负责，也是对自己负责。因为清楚地认识自己和准确地了解别人，是不断地增强人际吸引力的重要条件。一个人如果能表现出与交往对象相似的政治主张、社会态度、价值观念、兴趣爱好等，就能使对方产生亲密感；另外，一个能够较好地满足交往对象个性需要的人，也会产生强大的人际吸引力。

正如希腊作家斯托贝的一句非常精辟的名言——“财富不是朋友，而朋友却是财富”，每一个尽管不甚完美的朋友都是我们人生中的一笔宝贵财富。不要让任何不良的情绪影响我们与他人之间的交往，因为说不定这里面就有我们未来的朋友呢。怀着一颗宽容的心，去接纳、包容身边的每一个人，这样我们不仅会收获友谊，同时也会收获人生中最宝贵的财富。

远离社交的障碍

经常听到有人自我怀疑道：“我好像患了‘社交恐惧症’”。但是说这话的人中十个有九个都只是在表达对自己人际交往现状方面的不满意，很少有人认为自己真正患上了社交障碍。

社交障碍真的离我们很遥远吗？它虽然属于人们的一种心理障碍，会造成人们交往方面的问题，但是它并不可怕，并且在日常生活中还很常见。

毕业一年的小陆自认为并不是一个内向的人，但是经过一段时间的熟悉环境之后，她突然变得很焦虑。由于小陆的家不在本地，因此她也住在公司提供的集体宿舍中——说是集体宿舍，其实还是在一个家属院中，这个院子是公司之前专门为自己的员工建造的。于是，在这样的一个环境中，小陆不仅是上班，就连下班也会经常遇到同事。慢慢地，她的焦虑开始产生了。她下班后几乎不出门，因为出门后有时会遇到一些同事，还得打招呼；她总觉得自己刚来，别人都会觉得新鲜，会在背后议论自己，所以她不愿意将自己暴露在别人面前；她还不愿意和别人接触，觉得人与人之间的交往很麻烦，需要考虑许多因素，甚至是什么话该说什么话不该说还得动脑筋去想一想。小陆经常为这些担忧而愁眉苦脸，她有些怀疑自己是否出现了社交障碍。

没错，当一个人开始在人多的地方感到紧张，因此而不愿意和别人接触，觉得自己的一言一行都会被别人关注，经常担心自己会被别人嘲笑，那么这个人就可能已经出现了社交障碍。但是，正如我们上文所说，社交障碍其实并不可怕，因为几乎所有人都会在某个时刻突然感受到一种莫名其妙的社交恐惧。当我们看到小陆的某些情形时，我们会觉得她是那么亲切，就像是我们身边的朋友，或者像我们自己一样，这足以说明社交障碍在现代社会已经具有一定的普遍性。即使是那些口若悬河的演说家、经常面对镁光灯的明星，他们也会有紧张得手心出汗、言不达意的时候，更何况是我们普通人。那些为我们普通人所钦佩的演说家和明星，我们之所以看不到他们的社交恐惧，只是因为他们在恐惧来临的那一瞬间更好地克服了，让心理的变化和动摇在一瞬间就烟消云散。同样，只要我们肯努力，社交障碍也可以被克服。

就像古时行军打仗一样，“知己知彼，百战不殆”。要想克服社交障碍，首先我们需要了解社交障碍的一些常见表现和产生的原因。社交障碍的最常见表现就是害怕与人交往，当然随着程度的由浅到深，表现出的症状也会有所不同，最严重的社交障碍患者会拒绝与任何人接触，逐渐发展为社交恐惧症。社交恐惧症的发病率比较高，在发病人群中，女性的比例要高于男性。

一般说来，社交障碍的产生主要有以下几个原因：

一是外貌方面的原因。这一点尤其见于女性。在日常的人际交往中，我们会发现外貌有时也是一种优势，会为人们的交往带来许多便利。比如一位漂亮的女性相比较于不漂亮的女性，总是更容易获得外界的帮助。因此，会有许多人认为漂亮是成功的资本，一些外表上的缺陷会造成别人对自己的不重视和嘲笑，为了避免这种心理方面的打击而拒绝与人交往。

二是人格上的不健全。许多人都认为社交障碍患者可能会有一些异于常人的表现，比如举止可笑、神经质等。社交障碍患者自身在心里也会觉得自己的社交技巧非常拙劣，会有一些不当的举止，而这些都会被别人看到，成为取笑自己的理由。但是事实上，如果我们真的将一个社交障碍患者放在人群之中，我们是不可能发现什么异常的。最多，他们比平常人性格内向、严肃些罢了，而这些也极有可能纯属性格原因。因此，真正的社交障碍患者其实都是由于自己人格方面的原因，比如他们往往内心不够自信，有点过于追求完美等。

三是家庭教育方式的影响。家庭教育现在已经成为一个被人们普遍关注的问题，这是因为现代人越来越意识到家庭教育会对孩子的性格和与人交往的方式产生巨大的影响。家庭教育的方式有很多，除了比较合理的民主式之外，还有专制式、放任式等教育方式。粗暴的教育方式会对孩子动辄打骂、任意批评，丝毫不注意场合，不懂得尊重孩子。这样家庭教育方式下长大的孩子会特别在意自己在公共场合中的形象，也会因此对社交等公共场合产生畏惧，造成社交障碍。

四是错误的性教育方式。在正常的社交中，不仅有同性之间的交往，也有异性之间的交往，而且很多时候异性之间的交往甚至会影响同性之间的交往。比如异性交往容易对男女双方的性格产生互补性的影响，从而完善性格，使更多的同性也被吸引。而这种正常的交往形式则有赖于父母对青春期孩子的性教育。许多孩子在青春期的时候，父母尤其是一些传统文化氛围比较重的国家的父母会忌讳孩子之间的异性交往，对性问题更是讳莫如深，视为一种不健康的东西。因此在这种观念影响下的孩子通常会对任何与性关联的刺激都非常敏感，来自异性的一个小小的玩笑都会让他们觉得恐惧，这些都会诱发社交障碍。

此外，自尊心过强，害怕别人拒绝；家庭经济条件不好，自卑；成长过程中发生的一些造成心理阴影的事件；成年后“输不起”的心态，等等，都会成为社交障碍产生的诱因。

了解了社交障碍产生的原因之后，我们就需要积极寻找方法去克服它，远离它。

克服社交障碍，我们首先需要充分认识社交对于我们生活和事业的重要性。对于成年人来说，社交不仅是我们发展人际关系的一种必要途径，也是我们展示自我风采的重要舞台。我们可能会因为一次成功的谈判便得到升职；也可能会因为与老板的一次交谈改变自己“埋在沙子里的珍珠”的处境；也可能会因为一次晚宴，邂逅梦中期待已久的白马王子、白雪公主……如果在这样的时刻我们退却了，逃避了，那么一定会抱憾终身。

二十九岁的庞某是一家企业的策划，非常有才华，也有很多好的创意和点子，做起工作来得心应手，但是却一直不能得到晋升。一次，庞某做了一个非常好的策划书，主管让她自己去公司高层会议上做汇报。庞某心知这是一次提升的好机会，然而走入会议室后的她却变成了另一副样子：她显得很拘谨，当着公司高层和老板的面，变得笨嘴拙舌。庞某结结巴巴地说了许多话，但是还是无法表达清楚自己的意思。汇报的时候，她的脑海里清晰地涌现出之前部门策划会时与同事们热烈的讨论以及创意产生时的灵感，但是一看到老板的眼神，她就一句话也说不出来了。看到庞某这个样子，老板的表情也变得严肃起来了。这让庞某觉得更紧张了。最后，庞某羞愧地退出了会议室。此后，庞某更害怕这种场合了，她甚至害怕在其他场合遇见那些公司高层。

这样的表现也难怪庞某只能做一名普通的策划了——虽然她的策划书别具一格。显然，我们只在口头上重视社交对人们生活和事业的重要性还是远远不够的，要真正做到远离社交障碍，我们还需要通过一些科学的方法和技巧。

适当地放松自我。当你内心感到紧张时，可以让两脚平稳站立，试着轻轻地把脚尖踮起，坚持几秒钟，然后再放下，同时，一边做有节奏的深呼吸，一边数数。一般做二到三组，每组三十下，心理上的恐惧和紧张就可以得到缓解。

让手头有事情做。心理学家认为，双手空空会让人的社交恐惧感强化，而手里握着东西，则能够给人一定程度的安全感。就像我们常常习惯性地将手插在裤兜里一样。台湾地区名主播蔡康永在每次做节目的时候，也会把一支笔握在手里。让手有事情做，可以避免因为不知手该摆放在哪里带来的尴尬，这样就可以避免“手足无措”。

情境演练。有时我们会发现一件事情自己熟悉了以后，就会变得自在许多，这是因为熟悉感可以带给我们安全感。因此对于自己感到惧怕的社交场景，我们也可以经常在自己的脑海中进行预演，我们甚至可以把板凳、桌子等当成陌生人进行社交演练。时间一久，效果就一定可以显现出来。

选择目光友善的人作为交往对象。友善的人比较懂得如何尊重一个人，我们也比较容易从他们那里获得认可，进而建立我们的社交自信。因此在与陌生人交往时，我们可以优先选择那些目光友善的人作为交往的对象。

关注社交本身，而非我们自己的表现。社交是为一定的目的而存在的，而社交成功的一个必要因素就是双方的互相认可。因此在进行社交时，我们不必刻意压抑自己，去做出一些迎合别人的表现，而应将注意力转移到社交本身以及如何了解对方上面。这样一来，我们的社交心理也会变得轻松自然许多。

最后，请记得一定要保持自信。自信地面对我们将要面对的一切，和谐的人际关系和人生的幸福之路自会在我们的面前慢慢展开。